全国计算机技术与软件专业技术资格（水平）考试指定用书

系统集成项目管理工程师
历年试题分析与解答

(2009—2010)

全国计算机专业技术资格考试办公室组编

U0107837

清华大学出版社
北京

内 容 简 介

系统集成项目管理工程师考试是全国计算机技术与软件专业技术资格（水平）考试的中级专业技术资格和职称考试，是历年各资格考试报名中报考人数最多的热门考试之一。本书汇集了 2009 年至 2010 年所有试题和权威的解析，参加考试的考生，认真研读本书的内容后，将会更加了解近年考题的内容和要点，对提升自己考试通过率的信心会有极大的帮助。

本书扉页为防伪页，封面贴有清华大学出版社防伪标签，无标签者不得销售。

版权所有，侵权必究。侵权举报电话：010-62782989　13701121933

图书在版编目（CIP）数据

系统集成项目管理工程师历年试题分析与解答（2009—2010）/ 全国计算机专业资格考试办公室组编. —北京：清华大学出版社，2011.9
（全国计算机技术与软件专业技术资格（水平）考试指定用书）
ISBN 978-7-302-26485-9

Ⅰ. ①系…　Ⅱ. ①全…　Ⅲ. ①系统集成技术－项目管理－工程技术人员－资格考核－题解　Ⅳ. ①TP311.544

中国版本图书馆 CIP 数据核字（2011）第 166582 号

责任编辑：柴文强
责任校对：徐俊伟
责任印制：何　芊

出版发行：清华大学出版社　　　　　　　　地　　　址：北京清华大学学研大厦 A 座
　　　　　http://www.tup.com.cn　　　　邮　　　编：100084
　　　社　　总　　机：010-62770175　　邮　　　购：010-62786544
　　　投稿与读者服务：010-62795954，jsjjc@tup.tsinghua.edu.cn
　　　质　量　反　馈：010-62772015，zhiliang@tup.tsinghua.edu.cn
印　装　者：三河市金元印装有限公司
经　　销：全国新华书店
开　　本：185×230　印　张：14　防伪页：1　字　数：320 千字
版　　次：2011 年 9 月第 1 版　　印　次：2011 年 9 月第 1 次刷
印　　数：1～8000
定　　价：25.00 元

产品编号：043850-01

序　言

　　软件产业是信息产业的核心之一，是经济社会发展的基础性、先导性和战略性产业，在推进信息化与工业化融合、促进发展方式转变和产业结构升级、维护国家安全等方面有着重要作用。党中央、国务院高度重视软件产业发展，先后出台了 18 号文件、47 号文件等一系列政策措施，营造了良好的发展环境。近年来，我国软件产业进入快速发展期。2007 年销售收入达到 5834 亿元，出口 102.4 亿美元，软件从业人数达 148 万人。全国共认定软件企业超过 1.8 万家，登记备案软件产品超过 5 万个。软件技术创新取得突破，国产操作系统、数据库、中间件等基础软件相继推出并得到了较好的应用。软件与信息服务外包蓬勃发展，软件正版化工作顺利推进。

　　随着软件产业的快速发展，软件人才需求日益迫切。为适应产业发展需求、规范软件专业人员技术资格，20 余年前全国计算机软件考试创办，率先执行了以考代评政策。近年来，考试作了很多积极的探索，进行了一系列改革，考试名称、考试内容、专业类别、职业岗位也作了相应的变化。目前，考试名称已调整为计算机技术与软件专业技术资格（水平）考试，涉及 5 个专业类别、3 个级别层次共 27 个职业岗位，采取水平考试的形式，执行资格考试政策，并扩展到高级资格，取得了良好效果。20 余年来，累计报考人数近 200 万，影响力不断扩大。程序员、软件设计师、系统分析师、网络工程师、数据库系统工程师的考试标准已与日本相应考试级别实现互认，程序员和软件设计师的考试标准与韩国实现互认。通过考试，一大批软件人才脱颖而出，为加快培育软件人才队伍、推动软件产业健康发展起到了重要作用。

　　最近，工业和信息化部电子教育与考试中心组织了一批具有较高理论水平和丰富实践经验的专家编写了这套全国计算机技术与软件专业技术资格（水平）考试教材和辅导用书。按照考试大纲的要求，教材和辅导用书全面介绍相关知识与技术，帮助考生学习备考，将为软件考试的规范和完善起到积极作用。

　　我相信，通过社会各界共同努力，全国计算机技术与软件专业技术资格（水平）考试将更加规范、科学，培养出更多专业技术人才，为加快发展信息产业、推动信息化与工业化融合做出积极贡献。

工业和信息化部副部长　娄勤俭

前　言

根据国家有关的政策性文件，全国计算机技术和软件专业资格（水平）考试（以下简称"计算机软件考试"）已经成为计算机软件、计算机网络、计算机应用、信息系统、信息服务领域高级工程师、工程师、助理工程师、技术员国家职称资格考试。而且，根据信息技术人才年轻化的特点和要求，报考这种资格考试不限学历与资历条件，以不拘一格选拔人才。现在，软件设计师、程序员、网络工程师、数据库系统工程师、系统分析师、系统架构设计师和信息系统项目管理师等资格的考试标准已经实现了中国与日本国互认，程序员和软件设计师等资格的考试标准已经实现了中国和韩国互认。

计算机软件考试规模发展很快，年报考规模已近 30 万人，二十年来，累计报考人数约 300 万人。

计算机软件考试已经成为我国著名的 IT 考试品牌，其证书的含金量之高已得到社会的公认。计算机软件考试的有关信息见网站 www.rkb.gov.cn 中的资格考试栏目。

对考生来说，学习历年试题分析与解答是理解考试大纲的最有效、最具体的途径。

为帮助考生复习备考，全国软考办对考生人数较多的考试级别，汇集了近几年来的试题分析与解答印刷出版，以便于考生测试自己的水平，发现自己的弱点，更有针对性、更系统地学习。

计算机软件考试的试题质量高，包括了职业岗位所需的各个方面的知识和技术，不但包括技术知识，还包括法律法规、标准、专业英语、管理等方面的知识；不但注重广度，而且还有一定的深度；不但要求考生具有扎实的基础知识，还要具有丰富的实践经验。

这些试题中，包含了一些富有创意的试题，一些与实践结合得很好的佳题，一些富有启发性的题，具有较高的社会引用率，对学校教师、培训指导者、研究工作者都是很有帮助的。

由于作者水平有限，时间仓促，书中难免有错误和疏漏之处，诚恳地期望各位专家和读者批评指正，对此，我们将深表感激。

编　者
2011 年 8 月

目　录

目录

第1章 2009上半年系统集成项目管理工程师 上午试题分析与解答

试题（1）

所谓信息系统集成是指___(1)___。

(1) A. 计算机网络系统的安装调试

B. 计算机应用系统的部署和实施

C. 计算机信息系统的设计、研发、实施和服务

D. 计算机应用系统工程和网络系统工程的总体策划、设计、开发、实施、服务及保障

试题（1）分析

本题考查信息系统集成的概念。

《系统集成项目管理工程师教程》的"2.1.2 信息系统服务管理的推进"一节中的"实施计算机信息系统集成资质管理制度"在论述"对信息系统集成企业进行资质认证"时指出："计算机信息系统集成是指从事计算机应用系统工程和网络系统工程的总体策划、设计、开发、实施、服务及保障"。计算机信息系统集成的显著特点如下：

(1) 信息系统集成要以满足用户需求为根本出发点；

(2) 信息系统集成不只是设备选择和供应，更重要的是具有高技术含量的工程过程，要面向用户需求提供解决方案，其核心是软件；

(3) 系统集成的最终交付物是一个完整的系统而不是一个分立的产品；

(4) 系统集成包括技术、管理和商务等各项工作，是一项综合性的系统过程，技术是系统的核心，管理和商务活动是系统集成项目成功实施的保障。

参考答案

(1) D

试题（2）

___(2)___是国家信息化体系的六大要素。

(2) A. 数据库，国家信息网络，信息技术应用，信息技术教育和培训，信息化人才，信息化政策、法规和标准

B. 信息资源，国家信息网络，信息技术应用，信息技术和产业，信息化人才，信息化政策、法规和标准

C. 地理信息系统，国家信息网络，工业与信息化，软件技术与服务，信息化

人才，信息化政策、法规和标准

    D. 信息资源，国家信息网络，工业与信息化，信息产业与服务业，信息化人才，信息化政策、法规和标准

试题（2）分析

    本题考查国家信息化体系的构成。

    《系统集成项目管理工程师教程》的"1.1.3 国家信息化体系要素"中指出：国家信息化体系包括信息技术应用、信息资源、信息网络、信息技术和产业、信息化人才、信息化法规政策和标准规范 6 个要素，这 6 个要素按照图 1.1 所示的关系构成了一个有机的整体。

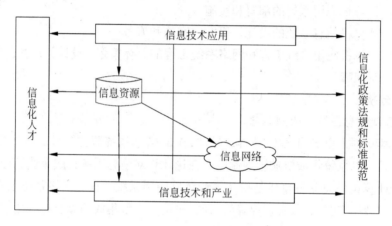

图 1.1　国家信息化体系六要系关系图

参考答案

    （2）B

试题（3）

    以下关于计算机信息系统集成企业资质的说法正确的是　(3)　。

    （3）A. 计算机信息系统集成企业资质共分四个级别，其中第四级为最高级

        B. 该资质由授权的认证机构进行评审和批准

        C. 目前，计算机信息系统集成企业资质证书有效期为 3 年

        D. 申报二级资质的企业，其具有项目经理资质的人员数目应不少于 20 名

试题（3）分析

    本题依据《系统集成项目管理工程师教程》考查信息系统集成资质管理办法。

    信息产业部于 1999 年 11 月份发出了《计算机信息系统集成资质管理办法（试行）》（信部规【1999】1047 号文件），后面陆续出台了一些细则及补充办法。1047 号文为系统集成资质的管理，从管理原则、管理体系和工作流程等方面提供了管理办法。

    在该教程的"2.1.2 信息系统服务管理的推进"一节中的"实施计算机信息系统集成

资质管理制度"在论述"对信息系统集成企业进行资质认证"时指出："计算机信息系统集成资质等级从高到低依次为一、二、三、四级"。

该教程的"2.2.2 信息系统集成资质管理办法"一节的"管理原则"中指出"计算机信息系统集成资质认证工作根据认证和审批分离的原则，按照先由认证机构认证，再由信息产业主管部门审批的工作程序进行"。

依据 1047 号文，资质证书的有效期为三年。届满三年应及时更换新证，换证时需由评审机构对申请单位进行评审，评审结果达到原有等级条件时，其资质等级保持不变。

信息产业部于 2003 年 10 月颁布了《关于发布计算机信息系统集成资质等级评定条件（修订版）的通知》（信部规【2003】440 号文），440 号文对申请二级资质的企业规定"项目经理人数不少于 15 名，其中高级项目经理人数不少于 3 名"。

参考答案

（3）C

试题（4）

信息系统工程监理活动的主要内容被概括为"四控、三管、一协调"，其中"三管"是指 (4)。

（4）A．整体管理、范围管理和安全管理

　　　B．范围管理、进度管理和合同管理

　　　C．进度管理、合同管理和信息管理

　　　D．合同管理、信息管理和安全管理

试题（4）分析

本题依据《系统集成项目管理工程师教程》考查信息系统工程监理活动的主要内容。在该教程的"2.3 信息系统工程监理"一节中，在提及"信息系统工程监理的相关概念、工作内容"时，指出监理活动的主要内容被概括为"四控、三管、一协调"，详细解释如下。

四控：

信息系统工程质量控制；

信息系统工程进度控制；

信息系统工程投资控制；

信息系统工程变更控制。

三管：

信息系统工程合同管理；

信息系统工程信息管理；

信息系统工程安全管理。

一协调：

在信息系统工程实施过程中协调有关单位及人员间的工作关系。

参考答案

（4）D

试题（5）

与客户机/服务器（Client/Server，C/S）架构相比，浏览器/服务器（Browser/Server，B/S）架构的最大优点是___（5）___。

（5）A．具有强大的数据操作和事务处理能力

B．部署和维护方便、易于扩展

C．适用于分布式系统，支持多层应用架构

D．将应用一分为二，允许网络分布操作

试题（5）分析

客户机/服务器模式是基于资源不对等，为实现共享而提出的。C/S 模式将应用一分为二，服务器（后台）负责数据管理，客户机（前台）完成与用户的交互任务。C/S 模式具有强大的数据操作和事务处理能力，模型思想简单，易于人们理解和接受。

图 1.2 是客户机/服务器模式的示意图，由两部分构成：前端是客户机，通常是 PC；后端是服务器，运行数据库管理系统，提供数据库的查询和管理。

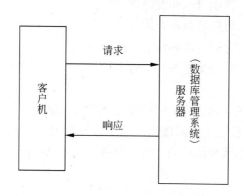

图 1.2　客户机/服务器模式

C/S 模式的优点是：

① 客户机与服务器分离，允许网络分布操作。二者的开发也可分开同时进行。

② 一个服务器可以服务于多个客户机。

随着企业规模的日益扩大，软件的复杂程度不断提高，传统的二层 C/S 模式的缺点日益突出。

① 客户机与服务器的通信依赖于网络，可能成为整个系统运作的瓶颈；客户机的负荷过重，难以管理大量的客户机，系统的性能受到很大影响。

② 部署和维护的成本过高，例如不仅要对服务器进行部署和维护，对所有的客户

机也要做部署和维护。

③ 二层 C/S 模式采用单一服务器且以局域网为中心，难以扩展至广域网或 Internet。

④ 数据安全性不好。客户端程序可以直接访问数据库服务器，使数据库的安全性受到威胁。

C/S 模式适用于分布式系统，得到了广泛的应用。为了解决 C/S 模式中客户端的问题，发展形成了浏览器/服务器（B/S）模式；为了解决 C/S 模式中服务器端的问题，发展形成了三层（多层）C/S 模式，即多层应用架构。

在 B/S 模式下，客户机上只要安装一个浏览器（如 Firefox、Netscape Navigator 或 Internet Explorer），浏览器通过 Web Server 同数据库进行数据交互。B/S 最大的优点就是可以在任何地方进行操作而不用安装任何专门的客户端软件。只要有一台能上网的计算机就能使用，客户端零维护。系统的扩展非常容易，只要能上网，再由系统管理员分配一个用户名和密码，就可以使用了。甚至可以在线申请，通过公司内部的安全认证（如 CA 证书）后，不需要人的参与，系统可以自动分配给用户一个账号进入系统。

B/S 不仅可以架构在 Internet 之上，而且最大的优点之一是部署和维护方便、易于扩展。

参考答案

（5）B

试题（6）

___(6)___ 的目的是评价项目产品，以确定其对使用意图的适合性，表明产品是否满足规范说明并遵从标准。

（6）A．IT 审计　　　　B．技术评审　　　　C．管理评审　　　　D．走查

试题（6）分析

本题考查什么是管理评审、技术评审、检查、走查以及审计等。

依据《系统集成项目管理工程师教程》，在该教程的"3.3.4 软件质量保证及质量评价"一节中的"评审与审计"中指出技术评审的目的是评价软件产品，以确定其对使用意图的适合性，目标是识别规范说明和标准的差异，并向管理提供证据，以表明产品是否满足规范说明并遵从标准，而且可以控制变更。

参考答案

（6）B

试题（7）

按照规范的文档管理机制，程序流程图必须在 ___(7)___ 两个阶段内完成。

（7）A．需求分析、概要设计　　　　　B．概要设计、详细设计
　　　C．详细设计、实现阶段　　　　　D．实现阶段、测试阶段

试题（7）分析

程序流程图是详细设计说明书用来表示程序中的操作顺序的图形，根据国标《计算

机软件产品开发文件编制指南》（GB 8567 - 1988）规定，详细设计说明书应在设计阶段（包括概要设计、详细设计）完成。

参考答案

（7）B

试题（8）

信息系统的软件需求说明书是需求分析阶段最后的成果之一，___(8)___不是软件需求说明书应包含的内容。

（8）A．数据描述　　　B．功能描述　　　C．系统结构描述　　　D．性能描述

试题（8）分析

软件需求分析与定义过程了解客户需求和用户的业务，为客户、用户和开发者之间建立一个对于待开发的软件产品的共同理解，并把软件需求分析结果写到《软件需求说明书》中。需求分析的任务是准确地定义未来系统的目标，确定为了满足用户的需求待建系统必须做什么，即 What to do?，并用需求规格说明书以规范的形式准确地表达用户的需求。

让用户和开发者共同明确待建的是一个什么样的系统，关注待建的系统要做什么、应具备什么功能和性能。

一个典型的、传统的结构化的需求分析过程形成的软件需求说明书包括如下内容：

1　前言

1.1　目的

1.2　范围

1.3　定义、缩写词、略语

1.4　参考资料

2　软件项目概述

2.1　软件产品描述

2.2　软件产品功能概述

2.3　用户特点

2.4　一般约束

2.5　假设和依据

3　具体需求

3.1　功能需求

3.2　外部接口需求

3.3　性能需求

3.4　设计约束

3.5　属性

3.6　其他需求

3.6.1　数据库

3.6.2　操作

3.6.3　场合适应性

使用面向对象的分析方法得到的软件需求说明书内容如下：

（1）引言

（2）信息描述

（3）类、对象、类图、对象图、用例概览

（4）功能描述及用例模型

（5）行为描述及对象行为模型

（6）质量保证

（7）接口描述

（8）其他描述

而对系统结构描述则属于系统分析的任务。

参考答案

（8）C

试题（9）

在 GB/T 14394 计算机软件可靠性和可维护性管理标准中，__(9)__ 不是详细设计评审的内容。

（9）A．各单元可靠性和可维护性目标　　B．可靠性和可维护性设计

　　　C．测试文件、软件开发工具　　　　D．测试原理、要求、文件和工具

试题（9）分析

在 GB/T 14394 计算机软件可靠性和可维护性管理标准中，详细设计评审的内容分别为：

- 各单元可靠性和可维护性目标；
- 可靠性和可维护性设计（如容错）；
- 测试文件；
- 软件开发工具。

而测试原理、要求、文件和工具不是计算机软件可靠性和可维护性管理标准中详细设计评审的内容。

参考答案

（9）D

试题（10）

　　__(10)__ 不是虚拟局域网 VLAN 的优点。

（10）A．有效地共享网络资源

　　　B．简化网络管理

　　C．链路聚合

　　D．简化网络结构、保护网络投资、提高网络安全性

试题（10）分析

虚拟局域网（VLAN）的优点如下：

（1）有效地共享网络资源。

（2）简化网络管理。

（3）控制广播风暴，提高网络性能。

（4）简化网络结构、保护网络投资、提高网络安全性。

而链路聚合是解决交换机之间的宽带瓶颈问题的一种技术。

参考答案

（10）C

试题（11）

UML 2.0 支持 13 种图，它们可以分成两大类：结构图和行为图。__（11）__说法不正确。

（11）A．部署图是行为图　　　　　　　B．顺序图是行为图

　　　　C．用例图是行为图　　　　　　　D．构件图是结构图

试题（11）分析

UML 2.0 支持 13 种图，它们可以分成两大类：结构图和行为图。结构图包括类图、组合结构图、构件图、部署图、对象图和包图；行为图包括活动图、交互图、用例图和状态机图，其中交互图是顺序图、通信图、交互概览图和时序图的统称。

参考答案

（11）A

试题（12）

以太网 100Base-TX 标准规定的传输介质是__（12）__。

（12）A．3 类 UTP　　　B．5 类 UTP　　　C．单模光纤　　　D．多模光纤

试题（12）分析

100Base-T4、100Base-TX 和 100Base-FX 均为常用的快速以太网标准。

100Base-TX 使用的是两对抗阻为 100Ω 的 5 类非屏蔽双绞线 UTP 或 STP，最大传输距离是 100m。其中一对用于发送数据，另一对用于接收数据。

参考答案

（12）B

试题（13）～（15）

根据布线标准 ANSI/TIA/EIA-568A，综合布线系统分为如下图所示的 6 个子系统。其中的①为__（13）__子系统、②为__（14）__子系统、③为__（15）__子系统。

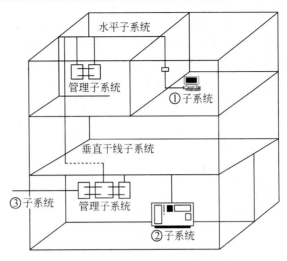

（13）A．水平子系统　　　　　　　B．建筑群子系统
　　　　C．工作区子系统　　　　　　D．设备间子系统
（14）A．水平子系统　　　　　　　B．建筑群子系统
　　　　C．工作区子系统　　　　　　D．设备间子系统
（15）A．水平子系统　　　　　　　B．建筑群子系统
　　　　C．工作区子系统　　　　　　D．设备间子系统

试题（13）～（15）分析

　　目前在综合布线领域被广泛遵循的标准是 EIA/TIA 568A。在 EIA/TIA-568A 中把综合布线系统分为 6 个子系统：建筑群子系统、设备间子系统、垂直干线子系统、管理子系统、水平子系统和工作区子系统，如图 1.3 所示。

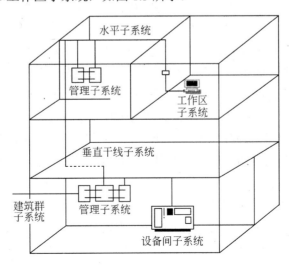

图 1.3　综合布线系统

综合布线系统的范围应根据建筑工程项目范围来定，主要有单幢建筑和建筑群体两种范围。单幢建筑中的综合布线系统工程范围，一般是指在整幢建筑内部敷设的通信线路，还应包括引出建筑物的通信线路。建筑物内部的综合布线系统包括设备间子系统、垂直干线子系统、管理子系统、水平子系统和工作区子系统。

综合布线系统的工程范围除包括每幢建筑内的通信线路外，还需包括各栋建筑之间相互连接的通信线路。

参考答案

（13）C　　（14）D　　（15）B

试题（16）

通过局域网接入因特网，图中箭头所指的两个设备是 ___(16)___ 。

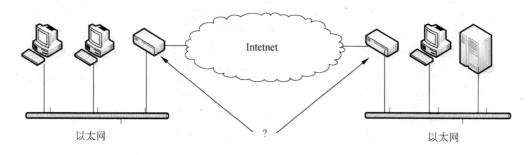

（16）A．二层交换机　　　　B．路由器　　　　C．网桥　　　　D．集线器

试题（16）分析

交换机用于将一些计算机连接起来组成一个局域网，工作在链路层。

路由器工作在网络层，是用于网络之间互联的设备，它主要用于在不同网络之间存储转发数据分组。与网桥不同之处就在于路由器主要用于广域网。路由器提供了各种各样、各种速率的链路或子网接口，是一个主动的、智能的网络节点，它参与了网络管理，提供对资源的动态控制，支持工程和维护活动，主要功能有连接 WAN、数据处理（数据包过滤、转发、优先选择、复用、加密和压缩等）、管理设施（配置管理、容错管理和性能管理）。路由器用于包含数以百计、数以千计的大型网络环境，由于它处于 ISO/OSI模型的网络层，可将网络划分为多个子网，并在这些子网中引导信息流向。

网桥工作在数据链路层，能连接不同传输介质的网络。采用不同高层协议的网络不能通过网桥互相通信。

集线器的作用可以简单地理解为将一些计算机连接起来组成一个局域网。集线器采用的是共享带宽的工作方式，而交换机是独享带宽。

参考答案

（16）B

试题（17）

在铺设活动地板的设备间内，应对活动地板进行专门检查，地板板块铺设严密坚固，符合安装要求，每平米水平误差应不大于　(17)　。

(17) A．1mm　　　　　B．2mm　　　　　C．3mm　　　　　D．4mm

试题（17）分析

根据中华人民共和国通信行业标准《通信设备工程验收规范》中第一部分"程控电话交换设备安装工程验收规范"，以及第四部分"接入网设备工程验收规范"，对有关内容的要求如下：

在铺设活动地板的机房内，应对活动地板进行专门检查，地板板块铺设严密坚固，符合安装要求，每平方米水平误差应不大于 2mm，地板支柱接地良好，活动地板的系统电阻值应符合 $1.0 \times 10^{5} \sim 1.0 \times 10^{10} \Omega$ 的指标要求。

参考答案

(17) B

试题（18）

在　(18)　中，项目经理的权力最小。

(18) A．强矩阵型组织　　　　　　　B．平衡矩阵组织

　　　C．弱矩阵型组织　　　　　　　D．项目型组织

试题（18）分析

实施项目的组织结构对能否获得项目所需资源和以何种条件获取资源起着制约作用。组织结构可以比喻成一条连续的频谱，其一端为职能型，另一端为项目型，中间是形形色色的矩阵型。与项目有关的组织结构类型的主要特征见图1.4。

组织类型　　　项目特点	职能型组织	矩阵型组织			项目型组织
		弱矩阵型组织	平衡矩阵型组织	强矩阵型组织	
项目经理的权力	很小和没有	有限	小～中等	中等～大	大～全权
组织中全职参与项目工作的职员比例	没有	0～25%	15%～60%	50%～95%	85%～100%
项目经理的职位	部分时间	部分时间	全时	全时	全时
项目经理的一般头衔	项目协调员/项目主管	项目协调员/项目主管	项目协调员/项目主管	项目协调员/项目主管	项目协调员/项目主管
项目管理行政人员	总分时间	部分时间	部分时间	全时	全时

图 1.4　组织结构对项目的影响

由图 1.4 可知，在矩阵型组织和项目型组织中，弱矩阵型组织中的项目经理的权力最小。

参考答案

（18）C

试题（19）

矩阵型组织的缺点不包括 __(19)__ 。

（19）A．管理成本增加　　　　　　　B．员工缺乏事业上的连续性和保障

　　　C．多头领导　　　　　　　　　D．资源分配与项目优先的问题产生冲突

试题（19）分析

矩阵型组织存在着管理成本增加、多头领导、难以监测和控制、资源分配与项目优先的问题产生冲突以及权利难以保持平衡等缺点。

员工缺乏事业上的连续性和保障是项目型组织的缺点。

这部分知识在《系统集成项目管理工程师教程》中第154页有更详细的描述。

参考答案

（19）B

试题（20）

定义清晰的项目目标将最有利于 __(20)__ 。

（20）A．提供一个开放的工作环境

　　　B．及时解决问题

　　　C．提供项目数据以利决策

　　　D．提供定义项目成功与否的标准

试题（20）分析

项目的目标包括衡量项目成功的可量化标准。项目可能具有多种业务、成本、进度、技术和质量上的目标。项目目标包括成本、进度和质量方面的具体目标。项目目标应该有一定属性（如成本）、计量单位（如人民币）、一个绝对或相对的数值（例如至多￥1 500 000）。要成功完成项目，没有量化的目标（如"客户满意度"）通常隐含较高的风险。

因此，定义项目目标时应符合 SMART 原则，这是因为清晰定义的项目目标将最有利于提供定义项目成功与否的标准，也有助于降低项目风险。

参考答案

（20）D

试题（21）

信息系统的安全属性包括 __(21)__ 和不可抵赖性。

（21）A．保密性、完整性、可用性

　　　B．符合性、完整性、可用性

　　　C．保密性、完整性、可靠性

　　　D．保密性、可用性、可维护性

试题（21）分析

　　本题考查考生对信息系统安全概念的理解，信息系统安全定义为：确保以电磁信号为主要形式的，在信息网络系统进行通信、处理和使用的信息内容，在各个物理位置、逻辑区域、存储和传输介质中，处于动态和静态过程中的保密性、完整性、可用性和不可抵赖性，以及与网络、环境有关的技术安全、结构安全和管理安全的总和。其中保密性、完整性和可用性是信息系统安全的基本属性。

　　最初对信息系统的安全优先考虑的是可用性，随后是保密性和完整性，后来又增加了真实性和不可抵赖性，再后来又有人提出可控性、不可否认性等等。安全属性也扩展到 5 个：保密性、完整性、可用性、真实性和不可抵赖性。

　　要实现具有这么多安全属性、并达到相互之间平衡的信息系统近乎是件不可能的任务，以至于后来的通用评估准则（CC，ISO/IEC 15408，GB/T 18336）和风险管理准则（BS7799，ISO/IEC 27001）都直接以安全对象所面临的风险为出发点来分别研究信息安全产品和信息系统安全，针对每一风险来采取措施，其终极安全目标是要保护信息资产的安全，保障业务系统的连续运行。

参考答案

　　（21）A

试题（22）

　　__（22）__ 反映了信息系统集成项目的技术过程和管理过程的正确顺序。

　　（22）A．制定业务发展计划、实施项目、项目需求分析

　　　　　B．制定业务发展计划、项目需求分析、制定项目管理计划

　　　　　C．制定业务发展计划、制定项目管理计划、项目需求分析

　　　　　D．制定项目管理计划、项目需求分析、制定业务发展计划

试题（22）分析

　　一个组织在制订出战略规划并根据该战略发展自己的业务时，首先根据制定战略规划制订具体业务发展计划、构思支持业务发展的产品，通过需求分析明确定义未来信息系统（即信息系统项目的产品）的目标，确定为了满足用户的需求待建系统必须做什么，明确待建的系统要做什么、应具备什么功能和性能，然后才能制定详细的项目管理计划。

参考答案

　　（22）B

试题（23）

　　制定项目计划时，首先应关注的是项目 __(23)__ 。

　　（23）A．范围说明书　　　　　　B．工作分解结构

　　　　　C．风险管理计划　　　　　D．质量计划

试题（23）分析

　　项目范围说明书详细描述了项目的可交付物以及产生这些可交付物所必须做的项

目工作。项目范围说明书在所有项目干系人之间建立了一个对项目范围的共同理解，描述了项目的主要目标，使项目团队能进行更详细的计划。

范围说明书是整个项目管理工作的基础，在制定项目计划的其他分计划之前，首先要有一个范围说明书，首先应关注的是项目范围说明书。

参考答案

（23）A

试题（24）

在项目某阶段的实施过程中，A 活动需要 2 天 2 人完成，B 活动需要 2 天 2 人完成，C 活动需要 5 天 4 人完成，D 活动需要 3 天 2 人完成，E 活动需要 1 天 1 人完成，该阶段的时标网络图如下。该项目组共有 8 人，且负责 A、E 活动的人因另有安排，无法帮助其他人完成相应工作，且项目整个工期刻不容缓。以下　(24)　安排是恰当的，能够使实施任务顺利完成。

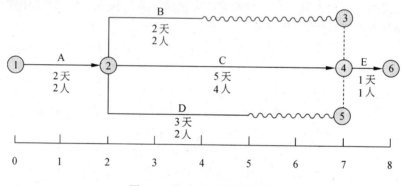

图 1.5　某项目的时标网络图

（24）A．B 活动提前两天开始　　　　B．B 活动推迟两天开始
　　　C．D 活动提前两天开始　　　　D．D 活动推迟两天开始

试题（24）分析

假定负责 A 活动的 2 人，其中有 1 个人可以实施 E 活动。这 2 个人另有安排，无法帮助其他人完成相应工作，且项目整个工期刻不容缓。那么项目组还剩下 6 个人，B 活动有 3 天的浮动时间，D 活动有 2 天的浮动时间，C 活动为关键路径没有浮动时间，人力资源也不能释放。因此，选择推迟 D 活动 2 天开始，等 B 活动在项目的第 3 天开始、第 4 天完成，释放出 2 人之后，D 活动利用该 2 人完成。

参考答案

（24）D

试题（25）

德尔菲法区别于其他专家预测法的明显特点是　(25)　。

（25）A．引入了权重参数　　　　　　B．多次有控制的反馈

　　　　C．专家之间互相取长补短　　D．至少经过 4 轮预测

试题（25）分析

　　德尔菲法是专家们就某一主题，例如项目风险，达成一致意见的一种方法。该法需要确定项目风险专家，但是他们匿名参加会议。协调员使用问卷征求重要项目风险方面的意见。然后将意见结果反馈给每一位专家，以便进行进一步的讨论。这个过程经过几个回合，就可以在主要的项目风险上达成一致意见。德尔菲法有助于减少数据方面的偏见，并避免了个人因素对结果产生的不适当的影响。

参考答案

　　（25）B

试题（26）

　　某项目计划 2008 年 12 月 5 日开始进入首批交付的产品测试工作，估算工作量为 8（人）×10（天），误差为 2 天，则以下__(26)__理解正确（天指工作日）。

　　（26）A．表示活动至少需要 8 人天，最多不超过 10 人天

　　　　　B．表示活动至少需要 8 天，最多不超过 12 天

　　　　　C．表示活动至少需要 64 人天，最多不超过 112 人天

　　　　　D．表示活动至少需要 64 天，最多不超过 112 天

试题（26）分析

　　该产品测试工作需要的工作量为：8 人工作 10 天，为 80 人天。产品测试工作的历时为 10±2 天，因此该产品测试工作的历时在 8～12 天之内。

参考答案

　　（26）B

试题（27）

　　某项目完成估计需要 12 个月。在进一步分析后认为最少将花 8 个月，最糟糕的情况下将花 28 个月。那么，这个估计的 PERT 值是__(27)__个月。

　　（27）A．9　　　　　　B．11　　　　　　C．13　　　　　D．14

试题（27）分析

　　根据公式：

　　PERT 估算的活动历时均值 =（悲观估计值 + 4 最可能估计值 + 乐观估计值）/6

　　估计该项目完成的时间为（8 + 4×12 + 28）/6 = 14 个月。

参考答案

　　（27）D

试题（28）

　　在项目进度控制中，__(28)__不适合用于缩短活动工期。

（28）A．准确确定项目进度的当前状态　　B．投入更多的资源
　　　　C．改进技术　　　　　　　　　　　D．缩减活动范围

试题（28）分析

进度控制是监控项目的状态以便采取相应措施以及管理进度变更的过程。

当项目的实际进度滞后于计划进度时，首先发现问题、分析问题根源并找出妥善的解决办法。通常可用以下一些方法缩短活动的工期：

（1）投入更多的资源以加速活动进程；

（2）指派经验更丰富的人去完成或帮助完成项目工作；

（3）减小活动范围或降低活动要求；

（4）通过改进方法或技术提高生产效率。

而准确确定项目进度的当前状态是进度控制关注的内容之一，不适合用于缩短活动工期。

参考答案

（28）A

试题（29）

范围管理计划中一般不会描述　（29）　。

（29）A．如何定义项目范围

　　　　B．制定详细的范围说明书

　　　　C．需求说明书的编制方法和要求

　　　　D．确认和控制范围

试题（29）分析

范围管理计划就项目管理团队如何管理项目范围提供指导。范围管理计划的内容包括：

（1）基于初步项目范围说明书准备一个详细的项目范围说明书的过程；

（2）从详细的项目范围说明书创建 WBS 的过程；

（3）详细说明已完成项目的可交付物是如何得到正式的确认和认可，以及获得与之相伴的 WBS 的过程；

（4）一个用来控制需求变更如何落实到详细的项目范围说明书中的过程。

而需求说明书的编制方法和要求属于技术过程。

参考答案

（29）C

试题（30）

以下关于工作包的描述，正确的是　（30）　。

（30）A．可以在此层面上对其成本和进度进行可靠的估算

　　　　B．工作包是项目范围管理计划关注的内容之一

  C．工作包是 WBS 的中间层

  D．不能支持未来的项目活动定义

试题（30）分析

  工作分解结构（WBS）详细地说明了项目的范围，详细描述了项目所要完成的工作。WBS 的组成元素有助于项目干系人检查项目的最终产品。WBS 的最低层元素是能够被评估的、可以安排进度的和被追踪的。

  WBS 的最低水平的工作单元被称为工作包，它是定义工作范围、定义项目组织、设定项目产品的质量和规格、估算和控制费用、估算时间周期和安排进度的基础。

  项目活动的定义正是从 WBS 的工作包分解而来。

参考答案

  （30）A

试题（31）

  小王正在负责管理一个产品开发项目。开始时产品被定义为"最先进的个人数码产品"，后来被描述为"先进个人通信工具"。在市场人员的努力下该产品与某市交通局签订了采购意向书，随后与用户、市场人员和研发工程师进行了充分的讨论后，被描述为"成本在 1000 元以下，能通话、播放 MP3、能运行 Win CE 的个人掌上电脑"。这表明产品的特征正在不断改进，但是小王还需将__（31）__与其相协调。

  （31）A．项目范围定义   B．项目干系人利益

     C．范围变更控制系统   D．用户的战略计划

试题（31）分析

  产品范围描述了项目承诺交付的产品、服务或结果的特征。这种描述会随着项目的开展，其产品特征逐渐细化。但是，产品特征的细化必须在适当的范围定义下进行，特别是对于基于合同开展的项目。项目的范围一旦定义、得到项目相关干系人确认后，就不能随意改变，即使产品特征在逐渐地细化，也要在相关干系人定义、确认后的项目范围内进行。

参考答案

  （31）A

试题（32）

  项目绩效评审的主要目标是__（32）__。

  （32）A．根据项目的基准计划来决定完成该项目需要多少资源

    B．根据过去的绩效调整进度和成本基准

    C．得到客户对项目绩效认同

    D．决定项目是否应该进入下一个阶段

试题（32）分析

  为了方便管理，项目经理或其所在的组织会将项目分成几个阶段来管理，以加强对

项目的管理控制并建立起项目与组织的持续运营工作之间的联系。

在完成本阶段所做的工作和可交付物的技术和设计评审后，项目绩效评审的主要目标是评价项目的绩效、请客户决定是否接受阶段成果，以及是否还要做额外的工作，最后决定是否要结束这个阶段。

在获得授权的情况下，阶段末的评审可以结束当前阶段并启动后续阶段。有些时候一次评审就可以取得这两项授权。这样的阶段末评审通常被称为阶段出口、阶段验收或终止点。

参考答案

（32）D

试题（33）

__（33）__ 不是组建项目团队的工具和技术。

（33）A．事先分派　　　　B．资源日历　　　C．采购　　　D．虚拟团队

试题（33）分析

组建项目团队的工具和技术有事先分派、谈判、采购和虚拟团队。

资源日历不属于组建项目团队的工具和技术。

参考答案

（33）B

试题（34）

团队建设一般要经历几个阶段，这几个阶段的大致顺序是　__（34）__ 。

（34）A．震荡期、形成期、正规期、表现期

　　　B．形成期、震荡期、表现期、正规期

　　　C．表现期、震荡期、形成期、正规期

　　　D．形成期、震荡期、正规期、表现期

试题（34）分析

优秀的团队不是一蹴而就的，一般要依次经历以下几个阶段：形成阶段（Forming）、震荡阶段（Storming）、正规阶段（也叫规范阶段，Norming）、表现阶段（也叫发挥阶段，Performing），项目完成后项目团队就自然结束了。

参考答案

（34）D

试题（35）

既可能带来机会、获得利益，又隐含威胁、造成损失的风险，称为__（35）__。

（35）A．可预测风险　　　B．人为风险　　　C．投机风险　　　D．可管理风险

试题（35）分析

既可能带来机会、获得利益，又隐含威胁、造成损失的风险，称为投机风险。

参考答案

（35）C

试题（36）

如果项目受资源限制，往往需要项目经理进行资源平衡。但当　(36)　时，不宜进行资源平衡。

（36）A．项目在时间上有一定的灵活性　　　B．项目团队成员一专多能

　　　　C．项目在成本上有一定的灵活性　　　D．项目团队处理应急风险

试题（36）分析

资源平衡是制定进度计划时，科学利用资源的一种方法。

例如通过利用活动的浮动时间等进行科学的进度安排，以尽量使用一个稳定的团队来完成所有的项目任务，尽量使人力资源的工作负载安排在合理的、均衡的范围内。

如果项目在成本上有一定的灵活性，或者项目团队成员一专多能，都会有助于资源平衡。

对未预计到的风险，首先使用权变措施来应急，此时首要的任务是处理应急风险而不是资源平衡。

参考答案

（36）D

试题（37）

定性风险分析工具和技术不包括　(37)　。

（37）A．概率及影响矩阵　　　　　　　B．建模技术

　　　　C．风险紧急度评估　　　　　　　D．风险数据质量评估

试题（37）分析

风险定性分析的技术方法有风险概率与影响评估法、概率和影响矩阵、风险分类、风险数据质量评估以及风险紧迫性评估等。

建模技术用于定量风险分析。

参考答案

（37）B

试题（38）

合同法律关系是指由合同法律规范调整的在民事流转过程中形成的　(38)　。

（38）A．买卖关系　　　B．监督关系　　　C．权利义务关系　　　D．管控关系

试题（38）分析

我国《合同法》中所称的合同是指：平等主体的自然人、法人、其他组织之间设立、变更、终止民事权利义务关系的协议。

参考答案

（38）C

试题（39）

____(39)____属于要约。

(39) A．商场的有奖销售活动　　　　　　B．商业广告

　　　 C．寄送的价目表　　　　　　　　 D．招标公告

试题（39）分析

根据《中华人民共和国合同法》第十四条规定，要约是希望和他人订立合同的意思表示。该意思表示应当符合下列规定：

（一）内容具体确定；

（二）表明经受要约人承诺，要约人即受该意思表示约束。

《中华人民共和国合同法》第十五条规定，要约邀请是希望他人向自己发出要约的意思表示。寄送的价目表、拍卖公告、招标公告、招股说明书和商业广告等为要约邀请。而商场的有奖销售活动则符合要约的规定。

参考答案

（39）A

试题（40）

____(40)____属于《合同法》规定的合同内容。

(40) A．风险责任的承担　　　　　　　　B．争议解决方法

　　　 C．验收标准　　　　　　　　　　 D．测试流程

试题（40）分析

根据《中华人民共和国合同法》第十二条规定，合同的内容由当事人约定，一般包括以下条款：

（一）当事人的名称或者姓名和住所；

（二）标的；

（三）数量；

（四）质量；

（五）价款或者报酬；

（六）履行期限、地点和方式；

（七）违约责任；

（八）解决争议的方法。

参考答案

（40）B

试题（41）

《合同法》规定，价款或酬金约定不明的，按__(41)__的市场价格履行。

(41) A．订立合同时订立地　　　　　　　B．履行合同时订立地

　　　 C．订立合同时履行地　　　　　　 D．履行合同时履行地

试题（41）分析

《中华人民共和国合同法》第六十二条之第二个规定：价款或者报酬不明确的，按照订立合同时履行地的市场价格履行；依法应当执行政府定价或者政府指导价的，按照规定履行。

参考答案

（41）C

试题（42）

诉讼时效期间从权利人知道或者应当知道权利被侵害起计算。但是，从权利被侵害之日起超过　（42）　年的，人民法院不予保护。

（42）A．10　　　　B．15　　　　C．20　　　　D．30

试题（42）分析

"时效"一词，在刑事诉讼和民事诉讼中都能碰上，但含义不同。刑事诉讼中称"追诉时效"，是指法律规定的对犯罪分子追究刑事责任的有效期限。超过追诉期限的，就不再追究刑事责任；已经追究的，应当撤销案件，或者不起诉，或者终止审理。民事诉讼中称"诉讼时效"。

我国《刑法》第八十七条规定，犯罪经过下列期限不再追究：

1．法定最高刑不满 5 年有期徒刑的，经过 5 年。

2．法定最高刑为 5 年以上不满 10 年有期徒刑的，经过 10 年。

3．法定最高刑为 10 年以上有期徒刑的，经过 15 年。

4．法定最高刑为无期徒刑、死刑的，经过 20 年。如果 20 年以后认为必须追诉的，须报请最高人民检察院核准。

参考答案

（42）C

试题（43）

在项目管理的下列四类风险类型中，对用户来说如果没有管理好，（43）将会造成最长久的影响。

（43）A．范围风险　　　　　　B．进度计划风险

　　　C．费用风险　　　　　　D．质量风险

试题（43）分析

项目的质量管理并不是由某个独立的部门单独完成的任务，在各项质量活动过程中，重要的是与其他知识域如风险管理、沟通管理、采购管理、人力资源管理等多方面的工作进行协调，例如质量目标在项目范围内与时间目标、成本目标的协调。

而对用户来说，如果项目的质量风险没有管理好，质量风险通过对产品的影响将会对用户造成最长久的不利影响。

参考答案

（43）D

试题（44）

对于一个新分配来的项目团队成员，___（44）___应该负责确保他得到适当的培训。

（44）A．项目发起人　B．职能经理　　　C．项目经理　　　D．培训协调员

试题（44）分析

作为项目管理计划的一个子集，人员配备管理计划描述的是人力资源需求何时以及怎样被满足。它可以是正式的或者非正式的，既可以是非常详细的，也可以是比较概略的。为了指导正在进行的团队成员获取和开发活动，人员配备管理计划随着项目的继续进行要进行更新。

如果即将分配到项目中的人员不具备必需的技能，就必须开发出一个培训计划。这个计划也可以包含一些途径以帮助团队成员获得某种证书，从而促进项目的执行。培训计划是项目计划的一部分。

项目经理有责任确保通过培训等手段，来发展团队成员尤其是新成员必要的技能作为项目工作的一部分来做。

参考答案

（44）C

试题（45）

进行配置管理的第一步是___（45）___。

（45）A．制定识别配置项的准则

　　　B．建立并维护配置管理的组织方针

　　　C．制定配置项管理表

　　　D．建立 CCB

试题（45）分析

配置管理的流程如下：

（1）建立并维护配置管理的组织方针。

（2）制定项目配置管理计划。

（3）确定配置标识规则。

（4）实施变更控制。

（5）报告配置状态。

（6）进行配置审核。

（7）进行版本管理和发行管理。

图 1.6 为配置管理的流程图。

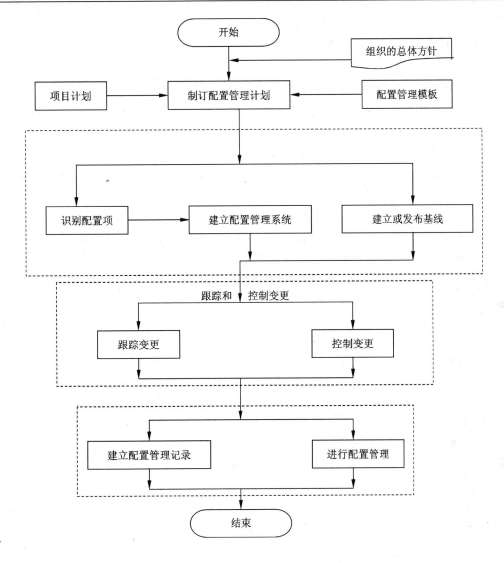

图 1.6 配置管理流程图

参考答案

（45）B

试题（46）

在当今高科技环境下，为了成功激励一个 IT 项目团队，__(46)__可以被项目经理用来激励项目团队保持气氛活跃、高效率的士气。

（46）A．期望理论和 X 理论

　　　B．Y 理论和马斯洛理论

　　　　　C．Y 理论、期望理论和赫兹伯格的卫生理论

　　　　　D．赫兹伯格的卫生理论和期望理论

试题（46）分析

　　本题考查项目人力资源管理中的项目团队建设。项目团队建设要发挥每个成员的积极性，发扬团队的团结合作精神，提高团队的绩效，以使项目成功，这是团队的奋斗目标。团队建设作为项目管理中唯一的一个管人的过程，其理论基础和实践经验大多是从人力资源管理理论、组织行为学借鉴的。

　　（1）激励理论。典型的激励理论有马斯洛需要层次理论、赫茨伯格的双因素理论和期望理论。马斯洛需要层次理论以金字塔结构的形式表示人们的行为受到一系列需求的引导和刺激，在不同的层次满足不同的需要，才能达到激励的作用；赫茨伯格的双因素理论认为保健因素和激励因素影响着人们的日常行为，保健因素可以消除工作中的不满意，激励因素可以产生强大的激励力量而使员工对工作产生满足；期望理论关注的不是人们需要的类型，而是人们获取报酬的思维方式，认为当人们预期某一行为能给个人带来预定的结果，且这种结果对个体具有吸引力时，人们就会采取这一特定行动。

　　（2）X 理论和 Y 理论。X 理论主要体现了独裁型管理者对人性的基本判断，主要观点是：人性好逸恶劳；人以自我为中心；人缺乏进取心；人容易受骗和被煽动；人天生反对改革。Y 理论与 X 理论的观点截然相反。X 理论可以加强管理，但项目团队成员通常比较被动地工作；Y 理论可以激发员工主动性，但对于员工把握工作而言可能放任过度。

　　Y 理论、期望理论和赫兹伯格的理论都是对追求较高层次需求的人们可以产生激励的理论，与高科技环境下项目团队成员的高学历、高素质相对应。

参考答案

　　（46）C

试题（47）

　　　<u>（47）</u>不是创建基线或发行基线的主要步骤。

　　（47）A．获得 CCB 的授权　　　　　B．确定基线配置项

　　　　　C．形成文件　　　　　　　　　D．建立配置管理系统

试题（47）分析

　　创建基线或发行基线的主要步骤如下：

　　（1）配置管理员识别配置项；

　　（2）为配置项分配标识；

　　（3）为项目创建配置库，并给每个项目成员分配权限；

　　（4）各项目团队成员根据自己的权限操作配置库；

　　（5）创建基线或发行基线并获得 CCB 的授权。

　　把上述步骤记录为文档。

参考答案

（47）D

试题（48）

项目绩效审计不包括　　(48)　。

（48）A．决算审计　　　B．经济审计　　　C．效率审计　　　D．效果审计

试题（48）分析

绩效审计是经济审计、效率审计和效果审计的合称，因为三者的第一个英文字母均为 E，故也称三 E 审计。它是指由独立的审计机构或人员，依据有关法规和标准，运用审计程序和方法，对被审单位或项目的经济活动的合理性、经济性、有效性进行监督、评价和鉴证，提出改进建议，促进其提高管理效益的一种独立性的监督活动。

参考答案

（48）A

试题（49）

在项目结束阶段，大量的行政管理问题必须得到解决。一个重要问题是评估项目有效性。完成这项评估的方法之一是　　(49)　。

（49）A．制作绩效报告　　　　　　　B．进行考察

　　　C．举行绩效评估会议　　　　　D．进行采购审计

试题（49）分析

所谓项目绩效评估，是指运用数理统计、运筹学原理和特定指标体系，对照统一的标准，按照一定的程序，通过定量定性对比分析，对项目一定经营期间内的经营效益和经营者业绩做出客观、公正和准确的综合评判。

项目绩效评估一般是指通过项目组之外的组织或者个人对项目进行的评估，通常是指在项目的前期和项目完工之后的评估。项目前期的评估主要指的是对项目的可行性的评估；项目完工后的项目绩效评估是指在信息化项目结束后，依据相关的法规、信息化规划报告和合同等，借助科学的措施或手段对信息化项目的水平、效果和影响，投资使用的合同相符性、目标相关性和经济合理性所进行的评估。

举行绩效评估会议是完成项目评估的最常用方法之一。制作绩效报告是绩效报告过程的任务，而单纯的"进行考察"不属于项目评估的方法，进行采购审计是合同收尾时使用的方法。

参考答案

（49）C

试题（50）

项目将要完成时，客户要求对工作范围进行较大的变更，项目经理应　　(50)　。

（50）A．执行变更　　　　　　　　B．将变更能造成的影响通知客户

　　　C．拒绝变更　　　　　　　　D．将变更作为新项目来执行

试题（50）分析

要进行范围变更控制，基本步骤如下：

（1）要事前定义或引用范围变更的有关流程。它包括必要的书面文件（如变更申请单）、纠正行动、跟踪系统和授权变更的批准等级。变更控制系统与其他系统相结合，如配置管理系统来控制项目范围。当项目受合同约束时，变更控制系统应当符合所有相关合同条款。

（2）当有人提出变更时，应以书面的形式提出并按事前定义的范围变更有关流程处理。

根据上述步骤和变更处理的原则，尤其是项目将要完成时，如果客户要求对工作范围进行较大的变更，项目经理不应首先执行变更、拒绝变更或将变更作为新项目来执行，而是依据范围变更的有关流程先"将变更能造成的影响通知客户"。

参考答案

（50）B

试题（51）

在项目实施中间的某次周例会上，项目经理小王用下表向大家通报了目前的进度。根据这个表格，目前项目的进度　　(51)　　。

活　　动	计　划　值	完成百分比	实际成本
基础设计	20 000 元	90%	10 000 元
详细设计	50 000 元	90%	60 000 元
测试	30 000 元	100%	40 000 元

（51）A. 提前于计划 7%　　　　　　　B. 落后于计划 18%

　　　　C. 落后于计划 7%　　　　　　　D. 落后于计划 7.5%

试题（51）分析

在目前的监控点，该项目的挣值 EV、PV 及 SPI 如下：

$EV = 20\,000 \times 90\% + 50\,000 \times 90\% + 30\,000 \times 100\%$

$\quad = 93\,000$

$PV = 20\,000 + 50\,000 + 30\,000$

$\quad = 100\,000$

$SPI = EV/PV$

$\quad = 93\,000/100\,000$

$\quad = 93\%$

落后于进度计划：$1 - 93\% = 7\%$

参考答案

（51）C

试题（52）

某公司正在为某省公安部门开发一套边防出入境管理系统，该系统包括 15 个业务模块，计划开发周期为 9 个月，即在今年 10 月底之前交付。开发团队一共有 15 名工程师。今年 7 月份，中央政府决定开放某省个人到香港旅游，并在 8 月 15 日开始实施。为此客户要求公司在新系统中实现新的业务功能，该功能实现预计有 5 个模块，并要求在 8 月 15 日前交付实施。但公司无法立刻为项目组提供新的人力资源。面对客户的变更需求，以下　(52)　处理方法最合适。

(52) A．拒绝客户的变更需求，要求签订一个新合同，通过一个新项目来完成

　　　B．接受客户的变更需求，并争取如期交付，建立公司的声誉

　　　C．采用多次发布的策略，将 20 个模块重新排定优先次序，并在 8 月 15 日之前发布一个包含到香港旅游业务功能的版本，其余延后交付

　　　D．在客户同意增加项目预算的条件下，接受客户的变更需求，并如期交付项目成果。

试题（52）分析

因该项目的范围变更来自于中央政府开放某省个人到香港旅游的决定，因此不能拒绝。

那么是否可以"接受客户的变更需求，并争取如期交付，建立公司的声誉"呢？或者"在客户同意增加项目预算的条件下，接受客户的变更需求，并如期交付项目成果"？答案是不可以，因为题干中已指出："公司无法立刻为项目组提供新的人力资源"。

综合题干的介绍，面对这个变更，合适的处理方法只有"采用多次发布的策略，将 20 个模块重新排定优先次序，并在 8 月 15 日之前发布一个包含到香港旅游业务功能的版本，其余延后交付"了。

参考答案

(52) C

试题（53）

范围变更控制系统　(53)　。

(53) A．是用以确定正式修改项目文件所必须遵循步骤的正式存档程序

　　　B．是用于在技术与管理方面监督指导有关报告内容，以及控制变更的确定与记录工作并确保其符合要求的存档程序

　　　C．是一套用于对项目范围做出变更的程序，包括文书工作，跟踪系统以及授权变更所需的认可

　　　D．可强制用于各项目工作以确保项目范围管理计划在未经事先审查与签字的情况下不得做出变更

试题（53）分析

范围变更控制的方法是定义范围变更的有关流程。该流程由范围变更控制系统实现，包括必要的书面文件（如变更申请单）、纠正行动、跟踪系统和授权变更的批准等级。变更控制系统与其他系统相结合，如配置管理系统来控制项目范围。当项目受合同约束

时，变更控制系统应当符合所有相关合同条款。由变更控制委员会负责批准或者拒绝变更申请。

参考答案

（53）C

试题（54）

某系统集成商现正致力于过程改进，打算为过去的项目建立历史档案，现阶段完成该工作的最好方法是 （54） 。

（54）A．建立项目计划 　　　　　　B．总结经验教训

　　　C．绘制网络图 　　　　　　　　D．制定项目状态报告

试题（54）分析

总结经验教训可以避免未来的错误，并借用过去项目的好经验，从而可以促进未来项目的改进和进步。建立项目计划过程是为本次项目的未来实施阶段提供指南，而绘制网络图则是制定项目计划的进度分计划的前提条件，制定项目状态报告是报告项目绩效的一种方法。

参考答案

（54）B

试题（55）

监理机构应要求承建单位在事故发生后立即采取措施，尽可能控制其影响范围，并及时签发停工令，报 （55） 。

（55）A．监理单位技术负责人 　　　B．项目总监理工程师

　　　C．承建单位负责人 　　　　　　D．业主单位

试题（55）分析

根据监理工作对停工及复工的管理规定，总监理工程师根据工程进展出现的问题，如出现必须停工的情况，应提前向本监理公司主管领导汇报、请示。待公司领导同意后，报知业主单位，并以《监理报告》方式陈述理由，给出停工范围、部署和预估的结果，征求建设单位的同意并签字。

在发生事故后，监理机构可以根据以下程序来处理：

（1）监理机构应要求承建单位在事故发生后立即采取措施，尽可能控制其影响范围，并及时签发停工令，报业主单位；

（2）监理机构应在接到事故申报后立即组织相关人员检查事故状况、分析原因、与业主单位和承建单位共同确定事故处理方案；

（3）监理机构监督承建单位采取措施，查清事故原因，审核承建单位提出的事故解决方案及预防措施，提出监理意见，提交业主单位确认；

（4）监理机构若发现工程实施过程存在重大质量隐患，应及时向承建单位签发停工令，并报业主单位，监督承建单位进行整改。整改完毕后，及时处理承建单位的复工

申请。

参考答案

（55）D

试题（56）

对于__（56）__应实行旁站监理。

（56）A．工程薄弱环节　　　　　　　B．首道工序

　　　C．隐蔽工程　　　　　　　　　D．上、下道工序交接环节

试题（56）分析

旁站监理是监理单位控制工程质量的重要手段。旁站监理是指在关键部位或关键工序施工过程中，由监理人员在现场进行的监督活动。对于信息系统工程，旁站监理主要在网络综合布线、设备开箱检验和机房建设等过程中实施。

根据对隐蔽工程的监理要求，应该对隐蔽工程实行旁站监理，以加强对项目实施过程的监督。旁站监理可以把问题消灭在过程之中，以避免后期返工造成的重大经济损失和时间延误。

参考答案

（56）C

试题（57）

__（57）__活动应在编制采购计划过程中进行。

（57）A．自制或外购决策　　　　　　B．回答卖方的问题

　　　C．制订合同　　　　　　　　　D．制订 RFP 文件

试题（57）分析

在编制采购计划的过程中，首先要确定项目的哪些产品、成果或服务自己提供更合算，还是外购更合算？这就是"自制/外购"决策，在这个过程中可能要用到专家判断，最后也要确定合同的类型，以转移风险。

在进行"自制/外购"决策时，有时项目的执行组织可能有能力自制，但是可能与其他项目有冲突或自制成本明显高于外购，在这些情况下项目需要从外部采购，以兑现进度承诺。

任何预算限制都可能是影响"自制/外购"决定的因素。如果决定购买，还要进一步决定是购买还是租借。"自制/外购"分析应该考虑所有相关的成本，无论是直接成本还是间接成本。例如，在考虑外购时，分析应包括购买该项产品的实际支付的直接成本，也应包括购买过程的间接成本。

RFP 是采购文档的一种形式，是编制询价计划过程的成果之一，制订 RFP 文件是编制询价计划过程的工作。

投标人会议（也称为发包会、承包商会议、供应商会议、投标前会议或竞标会议）是指在准备建议书之前与潜在供应商举行的会议。投标人会议用来回答潜在卖方的问题、

确保所有潜在供应商对采购目的（如技术要求和合同要求等）有一个清晰、共同的理解。对供应商问题的答复可能作为修订条款包含到采购文件中。

供方选择过程在向每一个选中的供方提供一份合同前，应当先制订合同。

参考答案

（57）A

试题（58）

采购审计的主要目的是 __(58)__ 。

（58）A．确认合同项下收取的成本有效、正确

   B．简要地审核项目

   C．确定可供其他采购任务借鉴的成功之处

   D．确认基本竣工

试题（58）分析

采购审计的目标是找出本次采购的成功和失败之处，以供项目执行组织内的其他项目借鉴。

参考答案

（58）C

试题（59）

建设方在进行项目评估的时候，根据项目的类型不同，所采用的评估方法也不同。如果使用总量评估法，其难点是 __(59)__ 。

（59）A．如何准确确定新增投入资金的经济效果

   B．确定原有固定资产重估值

   C．评价追加投资的经济效果

   D．确定原有固定资产对项目的影响

试题（59）分析

项目评估是指在项目可行性研究的基础上，由第三方（国家、银行或有关机构）根据国家颁布的政策、法规、方法、参数和条例等，从项目（或企业）、国民经济、社会角度出发，对拟建项目建设的必要性、建设条件、生产条件、产品市场需求、工程技术、经济效益和社会效益等进行评价、分析和论证，进而判断其是否可行的一个评估过程。

项目评估的方法有：

（1）项目评估法和企业评估法；

（2）总量评估法和增量评估法。

总量评估法的费用和效益测算采用总量数据和指标，确定原有固定资产重估值是估算总投资的难点。该法简单，易被人们接受，侧重经济效果的整体评估，但无法准确回答新增投入资金的经济效果。增量评估法采用增量数据和指标并满足可比性原则。这种方法实际上是把"改造"和"不改造"两个方案综合为一个综合方案进行比较，利用方

案之间的差额数据来评价追加投资的经济效果。

参考答案

（59）B

试题（60）

项目论证是指对拟实施项目技术上的先进性、适用性，经济上的合理性、盈利性，实施上的可能性、风险可控性进行全面科学的综合分析，为项目决策提供客观依据的一种技术经济研究活动。以下关于项目论证的叙述，错误的是 __(60)__ 。

（60）A．项目论证的作用之一是作为筹措资金、向银行贷款的依据

　　　　B．项目论证的内容之一是国民经济评价，通常运用影子价格、影子汇率、影子工资等工具或参数

　　　　C．数据资料是项目论证的支柱

　　　　D．项目财务评价是从项目的宏观角度判断项目或不同方案在财务上的可行性的技术经济活动

试题（60）分析

项目论证是指对拟实施项目技术上的先进性、适用性，经济上的合理性、盈利性，实施上的可能性、风险可控性进行全面科学的综合分析，为项目决策提供客观依据的一种技术经济研究活动。

项目论证的作用主要体现在以下几个方面：

（1）确定项目是否实施的依据。

（2）筹措资金、向银行贷款的依据。

（3）编制计划、设计、采购、施工以及机构设置、资源配置的依据。

（4）项目论证是防范风险、提高项目效率的重要保证。

而数据资料是项目论证的支柱之一。

项目论证的内容包括项目运行环境评价、项目技术评价、项目财务评价、项目国民经济评价、项目环境评价、项目社会影响评价、项目不确定性和风险评价、项目综合评价等。其中财务评价是项目经济评价的主要内容之一，它是从项目的微观角度，在国家现行财税制度和价格体系的条件下，从财务角度分析、计算项目的财务盈利能力和清偿能力以及外汇平衡等财务指标，据以判断项目或不同方案在财务上的可行性的技术经济活动。

参考答案

（60）D

试题（61）

__(61)__ 是承建方项目立项的第一步，其目的在于选择投资机会、鉴别投资方向。

（61）A．项目论证　　B．项目评估　　C．项目识别　　D．项目可行性分析

试题（61）分析

　　承建方的立项管理主要包括项目识别、项目论证和投标等步骤。项目识别是承建方项目立项的第一步，其目的在于选择投资机会、鉴别投资方向。在国外一般是从市场和技术两方面寻找项目机会，但在国内还需要考虑到国家有关政策和产业导向。项目论证是指对拟实施项目技术上的先进性、适用性、经济上的合理性、盈利性、实施上的可能性、风险可控性进行全面科学的综合分析，为项目决策提供客观依据的一种技术经济研究活动。项目评估是指在项目可行性研究的基础上，由第三方（国家、银行、或有关机构）根据国家颁布的政策、法规、方法、参数和条例等，从项目（或企业）、国民经济、社会角度出发，对拟建项目建设的必要性、建设条件、生产条件、产品市场要求、工程技术、经济效益和社会效益等进行评价、分析、论证，进而判断其是否可行的一个评估过程。

　　在时间顺序上，本题其他选项在"C. 项目识别"之后进行。

参考答案

　　（61）C

试题（62）

　　在项目计划阶段，项目计划方法论是用来指导项目团队制定项目计划的一种结构化方法。　（62）　属于方法论的一部分。

　　（62）A. 标准格式和模板　　　　　　B. 上层管理者的介入
　　　　　C. 职能工作的授权　　　　　　D. 项目干系人的技能

试题（62）分析

　　在项目计划阶段，项目管理方法论帮助项目管理团队制定项目管理计划和控制项目管理计划的变更，例如组织过程资产中的历史项目信息、标准指导方针、模板、工作指南等对本次项目管理计划的制定有直接的帮助。

　　标准格式和模板属于项目管理方法论的重要组成部分。

参考答案

　　（62）A

试题（63）

　　电子商务系统所涉及的四种"流"中，　（63）　是最基本的、必不可少的。

　　（63）A. 资金流　　　B. 信息流　　　　C. 商流　　　D. 物流

试题（63）分析

　　商流、物流、资金流和信息流是流通过程中的四大相关部分，由这"四流"构成了一个完整的流通过程。

　　商流是一种买卖或者说是一种交易活动过程，就是确定谁和谁做生意的，通过商流活动发生商品所有权的转移。

　　物流就是货物的流动方向。

资金流就是货款谁交给谁的流向，一般同商流是一致的。

信息流就是货物贸易中相关信息如何传达的问题，没有固定格式，只要能够将消息传达到相关方就可。

商流是物流、资金流和信息流的起点，也可以说是后"三流"的前提，一般情况下，没有商流就不太可能发生物流、资金流和信息流。反过来，没有物流、资金流和信息流的匹配和支撑，商流也不可能达到目的。"四流"之间有时是互为因果关系。

例如 A 企业与 B 企业经过商谈，达成了一笔供货协议，确定了商品价格、品种、数量、供货时间、交货地点、运输方式并签订了合同，也可以说商流活动开始了。要认真履行这份合同，下一步要进入物流过程，即货物的包装、装卸搬运、保管和运输等活动。如果商流和物流都顺利进行了，接下来进入资金流的过程，即付款和结算。无论是买卖交易，还是物流和资金流，这三个过程都离不开信息的传递和交换，没有及时的信息流，就没有顺畅的商流、物流和资金流。

参考答案

（63）B

试题（64）

使用网上银行卡支付系统付款与使用传统信用卡支付系统付款，两者的付款授权方式是不同的，下列论述正确的是　(64)　。

（64）A. 前者使用数字签名进行远程授权，后者在购物现场使用手写签名的方式授权商家扣款

　　　B. 前者在购物现场使用手写签名的方式授权商家扣款，后者使用数字签名进行远程授权

　　　C. 两者都在使用数字签名进行远程授权

　　　D. 两者都在购物现场使用手写签名的方式授权商家扣款

试题（64）分析

网上银行卡支付系统与传统信用卡支付系统的差别主要在于：

（1）使用的信息传递通道不同。网上银行卡使用专用网，因此较安全。

（2）付款地点不同。传统信用卡必须在商场使用商场的 POS 机进行付款，网上银行卡可以在家庭或办公室使用自己的个人计算机进行购物和付款。

（3）身份认证方式不同。传统信用卡在购物现场使用身份证或其他身份证明验证持卡人的身份，网上银行卡在计算机网络上使用 CA 中心提供的数字证书验证持卡人身份、商家、支付网关以及银行的身份。

（4）付款授权方式不同。传统信用卡在购物现场使用手写签名的方式授权商家扣款，网上银行卡使用数字签名进行远程授权。

（5）商品和支付信息采集方式不同。传统信用卡使用商家的 POS 机、条形码扫描仪和读卡设备采集商品和信用卡信息；网上银行卡直接使用自己的计算机，通过鼠标和

键盘输入商品和信用卡信息。

　　由上述的比较可知，使用网上银行卡支付系统付款使用数字签名进行远程授权，而使用传统信用卡支付系统付款则在购物现场使用手写签名的方式授权商家扣款。

参考答案

　　（64）A

试题（65）

　　目前企业信息化系统所使用的数据库管理系统的结构，大多数为　（65）　。

　　（65）A．层次结构　　　　　　B．关系结构

　　　　　C．网状结构　　　　　　D．链表结构

试题（65）分析

　　目前企业信息化系统所使用的数据库管理系统的结构，大多数为关系结构。

参考答案

　　（65）B

试题（66）

　　管理信息系统建设的结构化方法中，用户参与的原则是用户必须参与　（66）　。

　　（66）A．系统建设中各阶段工作　　B．系统分析工作

　　　　　C．系统设计工作　　　　　　D．系统实施工作

试题（66）分析

　　"结构化"一词在系统建设中的含义是用一种规范的步骤、准则与工具来进行某项工作。基于系统生命周期概念的结构化方法，为管理信息系统建设提供了规范的步骤、准则与工具。结构化方法的基本思路是把整个系统开发过程分成若干阶段，每个阶段进行若干活动，每项活动应用一系列标准、规范、方法和技术，完成一个或多个任务，形成符合给定规范的产品。

　　结构化方法的主要原则，归纳起来有以下4条：

　　（1）用户参与的原则。管理信息系统的用户是各级各类管理者，满足他们在管理活动中的信息需求，是管理信息系统建设的直接目地。由于系统本身和系统建设工作的复杂性，用户需求的表达和系统建设的专业人员对用户需求的理解需要逐步明确、深化和细化。而且，管理信息系统是人机系统，在实现各种功能时，人与计算机的合理分工和相互密切配合至关重要。这就需要用户对系统的功能、结构和运行规律有较深入的了解，专业人员也必须充分考虑用户的特点和使用方面的习惯与要求，以协调人—机关系。总之，用户必须作为管理信息系统主要建设者的一部分在系统建设的各个阶段直接参与工作。用户与建设工作脱节，常常是系统建设工作失败的重要原因之一。

　　（2）除上述原则外，还有"先逻辑，后物理"、"自顶向下"以及"工作成果描述标准化"原则。

　　管理信息系统建设的结构化方法中，用户参与的原则是用户必须参与"A．系统建

设中各阶段工作"。

参考答案

（66）A

试题（67）

依据《中华人民共和国招标投标法》，公开招标是指招标人以招标公告的方式邀请__（67）__投标。

（67）A．特定的法人或者其他组织

　　　B．不特定的法人或者其他组织

　　　C．通过竞争性谈判的法人或者其他组织

　　　D．单一来源的法人或者其他组织

试题（67）分析

依据《中华人民共和国招标投标法》第十条的规定，公开招标是指招标人以招标公告的方式邀请不特定的法人或者其他组织投标。

参考答案

（67）B

试题（68）

根据《软件文档管理指南 GB/T 16680—1996》，__（68）__不属于基本的产品文档。

（68）A．参考手册和用户指南　　　　B．支持手册

　　　C．需求规格说明　　　　　　　D．产品手册

试题（68）分析

根据《软件文档管理指南 GB/T 16680—1996》，基本的产品文档包括：

（1）培训手册；

（2）参考手册和用户指南；

（3）支持手册；

（4）产品手册。

需求规格说明属于基本的开发文档。

参考答案

（68）C

试题（69）

Web Service 的各种核心技术包括 XML、Namespace、XML Schema、SOAP、WSDL、UDDI、WS-Inspection、WS-Security、WS-Routing 等，下列关于 Web Service 技术的叙述错误的是__（69）__。

（69）A．XML Schema 是用于对 XML 中的数据进行定义和约束

　　　B．在一般情况下，Web Service 的本质就是用 HTTP 发送一组 Web 上的 HTML数据包

  C．SOAP（简单对象访问协议），提供了标准的 RPC 方法来调用 Web Service，是传输数据的方式

  D．SOAP 是一种轻量的、简单的、基于 XML 的协议，它被设计成在 Web 上交换结构化的和固化的信息

试题（69）分析

  Web Service 是一个组件或应用程序，它向外界暴露出一个能够通过 Web 进行调用的 API。

  Web Services 是建立可互操作的分布式应用程序的新平台。

  Web Services 平台是一套标准，它定义了应用程序如何在 Web 上实现互操作性。

  开发人员可以用任何自己喜欢的语言，在任何自己喜欢的平台上写 Web Service，只要可以通过 Web Service 标准对这些服务进行查询和访问。

  Web Service 的各种核心技术包括 XML、Namespace、XML Schema、SOAP、WSDL、UDDI、WS-Inspection、WS-Security 和 WS-Routing 等，其中 XML 定义 Web Service 平台中的数据格式。SOAP（简单对象访问协议）提供了标准的 RPC 方法来调用 Web Service，是传输数据的方式。

参考答案

  （69）B

试题（70）

  工作流技术在流程管理应用中的三个阶段分别是　（70）　。

  （70）A．流程的设计、流程的实现、流程的改进和维护

    B．流程建模、流程仿真、流程改进或优化

    C．流程的计划、流程的实施、流程的维护

    D．流程的分析、流程的设计、流程的实施和改进

试题（70）分析

  根据国际工作流管理联盟（Workflow Management Coalition，WFMC）的定义，工作流就是"一类能够完全或者部分自动执行的经营过程，它根据一系列过程规则、文档、信息或任务能够在不同的执行者之间进行传递与执行"。

  工作流技术通过将工作活动分解成定义良好的任务、角色、规则和过程来进行执行和监控，达到提高生产组织水平和工作效率的目的。工作流技术为企业更好地实现经营目标提供了先进的手段。工作流管理系统是以规格化的流程描述作为输入的软件组件，它维护流程的运行状态，并在人和应用之间分派活动。

  简单地说，工作流是经营过程的一个计算机实现，而工作流管理系统则是这一实现的软件环境。

  工作流在流程管理中的应用分为三个阶段：流程建模、流程仿真和流程改进或优化。

  流程建模是用清晰和形式化的方法表示流程的不同抽象层次，可靠的模型是流程分

析的基础，流程仿真是为了发现流程存在的问题以便为流程的改进提供指导。这三个阶段是不断演进的过程。它们的无缝连接是影响工作流模型性能的关键因素，也是传统流程建模和流程仿真集成存在的主要问题。

参考答案

（70）B

试题（71）

Which of the following statement related to PMO is not correct? （71）

（71）A. The specific form, function, and structure of a PMO are dependent upon the needs of the organization that it supports.

B. One of the key features of a PMO is managing shared resources across all projects administered by the PMO.

C. The PMO focuses on the specified project objectives.

D. The PMO optimizes the use of shared organizational resources across all projects.

参考译文

下列各项中，哪一个有关 PMO 的说法是错误的？ （71）

A. PMO 的具体形式、职能和结构取决于它支持的组织的需求

B. PMO 的关键特征之一是在所有 PMO 管理的项目之间共享和协调资源

C. PMO 关注于特定的项目目标

D. PMO 对所管理的所有项目共享资源的使用进行优化

参考答案

（71）C

试题（72）

The inputs of developing project management plan do not include （72） .

（72）A. project charter   B. stakeholder management strategy

C. project scope statement   D. outputs from planning processes

参考译文

制定项目管理计划的输入不包括 （72） ：

A. 项目章程   B. 干系人管理策略

C. 项目范围说明书   D. 计划过程输出

参考答案

（72）B

试题（73）、（74）

A project life cycle is a collection of generally sequential project （73） whose name and number are determined by the control needs of the organization or organizations involved in the project. The life cycle provides the basic ___(74)___ for managing the project, regardless of the specific work involved.

（73）A．phases　　　　B．processes　　　C．segments　　　D．pieces

（74）A．plan　　　　　B．fraction　　　　C．main　　　　　D．framework

参考译文

　　一个项目的生命周期由若干个顺序相连的 ___(73)___ 组成，阶段的名字和个数由组织的控制需要决定。项目涉及到的其他组织，其控制需要也可决定项目阶段的名字和个数。无论涉及到的具体的工作有哪些，项目的生命周期都为管理项目提供了基本的 ___(74)___ 。

（73）A．阶段　　　　　B．过程　　　　　C．片段　　　　　D．碎片

（74）A．计划　　　　　B．部分　　　　　C．主体　　　　　D．框架

参考答案

（73）A　　（74）D

试题（75）

　　___(75)___ is one of the quality planning outputs.

（75）A．Scope base line

　　　　B．Cost of quality

　　　　C．Product specification

　　　　D．Quality checklist

参考译文

　　___(75)___ 是制定项目质量管理计划过程的成果之一。

A．范围基线　　　B．质量成本　　　　C．产品规范　　　D．质量检查表

参考答案

（75）D

第2章 2009 上半年系统集成项目管理工程师 下午试题分析与解答

试题一（15 分）

阅读下列说明，针对项目的进度管理，回答问题 1 至问题 3。将解答填入答题纸的对应栏内。

【说明】

B 市是北方的一个超大型城市，最近市政府有关部门提出需要加强对全市交通的管理与控制。

2008 年 9 月 19 日 B 市政府决定实施智能交通管理系统项目，对路面人流和车流实现实时的、量化的监控和管理。项目要求于 2009 年 2 月 1 日完成。

该项目由 C 公司承建，小李作为 C 公司项目经理，在 2008 年 10 月 20 日接到项目任务后，立即以曾经管理过的道路监控项目为参考，估算出项目历时大致为 100 天，并把该项目分成五大模块分别分配给各项目小组，同时要求：项目小组在 2009 年 1 月 20 日前完成任务，1 月 21 日至 28 日各模块联调，1 月 29 日至 31 日机动。小李随后在原道路监控项目解决方案的基础上组织制定了智能交通管理系统项目的技术方案。

可是到了 2009 年 1 月 20 日，小李发现有两个模块的进度落后于计划，而且即使这五个模块全部按时完成，在预定的 1 月 21 日至 28 日期间因春节假期也无法组织人员安排模块联调，项目进度拖后已成定局。

【问题 1】（8 分）

请简要分析项目进度拖后的可能原因。

【问题 2】（4 分）

请简要叙述进度计划包括的种类和用途。

【问题 3】（3 分）

请简要叙述"滚动波浪式计划"方法的特点和确定滚动周期的依据。针对本试题说明中所述项目，说明采用多长的滚动周期比较恰当。

试题一分析

本题考核的是项目进度管理问题，聚焦在如何科学地制订项目的进度计划以及如何科学地监控项目的实际进度，考查考生在进度管理方面的实际经验。

【问题 1】

要求考生分析项目进度拖后的可能原因。在分析进度拖后的可能原因时，考生能够了解的信息，也只能从本题的说明中发现，从题目的说明中寻找可能的原因。例如发现的可能原因如下：

　　"立即以曾经管理过的道路监控项目为参考，估算出项目历时大致为 100 天，并把该项目分成五大模块分别分配给各项目小组"，这说明项目经理提出的只是一个初步的、粗糙的、仅反映他个人意见的概括性进度计划。

　　"小李随后在原道路监控项目解决方案的基础上组织制定了智能交通管理系统项目的技术方案"。当借鉴原来项目的经验时，只有与原来项目同类、同种时才有较大的借鉴价值，在本题中本次的智能交通管理系统项目的技术方案不能从道路监控项目直接抄袭。

　　"在预定的 1 月 21 日至 28 日期间因春节假期也无法组织人员安排模块联调"，说明安排进度计划时，没有考虑节假日的影响。

　　"可是到了 2009 年 1 月 20 日，小李发现有两个模块的进度落后于计划"，可以看出项目经理对项目的监控有疏漏。

【问题 2】

　　要求考生熟悉进度计划包括的种类和用途，依据《系统集成项目管理工程师教程》的第 8 章"项目进度管理"中的相关内容，从中可找到详细的解答。

【问题 3】

　　要求考生熟悉"滚动波浪式计划"方法的特点、确定滚动周期的依据以及恰当的滚动周期。考生应当理解"滚动波浪式计划"基本概念并能灵活运用。

　　依据《系统集成项目管理工程师教程》的第 8 章"项目进度管理"中的相关内容，

　　滚动式规划是规划逐步完善的一种表现形式，即近期要完成的工作在工作分解结构最下层详细规划，而计划在远期完成的工作分解结构组成部分的工作，在工作分解结构较高层规划。最近一两个报告期要进行的工作应在本期工作接近完成时详细规划。

　　项目生命周期中有三个与时间相关的重要概念，这三个概念分别是检查点（Checkpoint）、里程碑（Milestone）和基线（Baseline），它们一起描述了在什么时候对项目进行什么样控制。其中的检查点是指在规定的时间间隔内对项目进行检查，比较实际与计划之间的差异，并根据差异进行调整。可将检查点看作是一个固定间隔的"采样"时间点，而时间间隔根据项目周期长短不同而不同，频度过小会失去意义，频度过大会增加管理成本。常见的间隔是每周一次，项目经理需要召开周例会并上交周报。

参考答案

【问题 1】

　　1. 仅依靠一个道路监控项目来估算项目历时，根据不充分；

　　2. 制定进度计划时，不仅考虑到活动的历时还要考虑到节假日；

　　3. 没有对项目的技术方案、管理计划进行详细的评审；

　　4. 监控粒度过粗（或监控周期过长）；

　　5. 对项目进度风险控制考虑不周。

【问题 2】

　　1. 里程碑计划，由项目的各个里程碑组成。里程碑是项目生命周期中的一个时刻，在这一时刻，通常有重大交付物完成。此计划用于甲乙丙等相关各方高层对项目的监控；

2．阶段计划，或叫概括性进度表，该计划标明了各阶段的起止日期和交付物，用于相关部门的协调（或协同）；

3．详细甘特图计划，或详细横道图计划，或称时标进度网络图，该计划标明了每个活动的起止日期，用于项目组成员的日常工作安排和项目经理的跟踪。

【问题 3】

1．"滚动波浪式计划"方法的特点是近期的工作计划得较细，远期的工作计划得较粗。

2．根据项目的规模、复杂度以及项目生命周期的长短来确定滚动波浪式计划中的滚动周期。

3．滚动周期：1～2 周之间的时间周期都正确。

试题二（15 分）

阅读下列说明，回答问题 1 至问题 3，将解答填入答题纸的对应栏内。

【说明】

下图为某项目主要工作的单代号网络图。工期以工作日为单位。

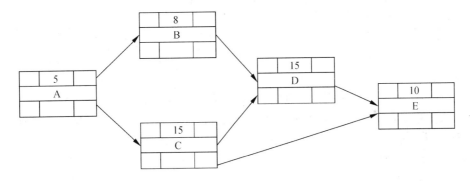

工作节点图例如下：

ES	工	EF
工作		
LS	总　0	LF

【问题 1】（5 分）

请在图中填写各活动的最早开始时间（ES）、最早结束时间（EF）、最晚开始时间（LS）、最晚结束时间（LF），从第 0 天开始计算。

【问题 2】（6 分）

请找出该网络图的关键路径，分别计算工作 B、工作 C 的总时差和自由时差，说明此网络工程的关键部分能否在 40 个工作日内完成，并说明具体原因。

【问题 3】（4 分）

请说明通常情况下，若想缩短工期可采取哪些措施。

试题二分析

本题考核的是如何制定项目的进度计划。

本题规定从第 0 天开始计算项目的最早开始时间（ES）、最早结束时间（EF）、最晚开始时间（LS）、最晚结束时间（LF），其目的是让 EF、ES、FF(自由时差)的计算能够简化，省去了从第 1 天开始计算 ES、EF、LS、LF 时需加 1、减 1 的麻烦。

但是应提醒注意的是，从第 0 天开始计算情况下，任务最早结束时间（EF）、最晚结束时间（LF）均不应计算在任务的历时之内。例如，任务 A 的任务最早开始时间（ES）是 0、最早结束时间（EF）是 5，但第 5 天并不在任务 A 的历时之内，此时的计算公式如下：

$ES_1 = 0$

$ES_j = MAX\{$所有前导任务的 EF$\}$

$EF_j = ES_j + DU_j$

上式中，DU_j 为任务 j 的历时（题干已提供）。

自由浮动时间或自由时差是指一项活动在不耽误直接后继活动最早开始日期的情况下，可以拖延的时间长度。

FF_j（自由时差）= 后续工作的最早 ES–本工作的 EF

总浮动时间或总时差是指在不耽误项目计划完成日期的条件下，一项活动从最早开始时间算起，可以拖延的时间长度。

TF_j（总浮动时间）= $LS_j – ES_j$ 或 $LF_j – EF_j$

当依正推法得出每个任务的最早开始时间（ES）、最早结束时间（EF）后，从最后一个任务逆着向第一个任务逆推，可按下列公式计算出所有任务的最晚结束时间（LF）、最晚开始时间（LS）：

$LF_j = MIN\{$所有后继任务的 LS$\}$

$LS_j = LF_j – DU_j$

【问题 1】

可以通过对网络图使用正推法得出项目的关键路径、每一个活动的最早开始时间和最早结束时间，然后对网络图使用逆推法可以得出每个活动的最晚开始时间和最晚结束时间。

【问题 2】

考的是总时差和自由时差的概念和算法。

【问题 3】

考的是缩短工期有哪些措施。

这三个问题的解答，可参考《系统集成项目管理工程师教程》的第 8 章 "项目进度管理" 中的相关内容。

参考答案

【问题 1】

网络图中粗箭头标明了项目的关键路径，按活动的最早开始时间、最早结束时间、最晚开始时间和最晚结束时间的定义，把它们计算出来后，直接标在了网络图上。

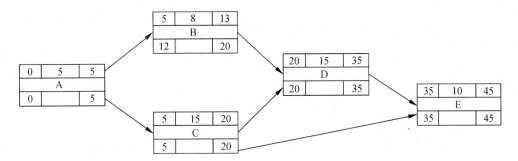

【问题 2】

1. 关键路径为 A-C-D-E；

2. 总工期=5＋15＋15＋10=45 个工作日，因此网络工程不能在 40 个工作日内完成；

工作 B：总时差 ＝7

自由时差 ＝7

工作 C：总时差 ＝0

自由时差 ＝0

【问题 3】

1. 赶工，缩短关键路径上的工作历时；

2. 或采用并行施工方法以压缩工期（或快速跟进）；

3. 追加资源；

4. 改进方法和技术；

5. 缩减活动范围；

6. 使用高素质的资源或经验更丰富人员。

试题三（15 分）

阅读下列说明，针对项目的质量管理，回答问题 1 至问题 3。将解答填入答题纸的对应栏内。

【说明】

某系统集成公司在2007年6月通过招投标得到了某市滨海新区电子政务一期工程项目，该项目由小李负责，一期工程的任务包括政府网站以及政务网网络系统的建设，工期为 6 个月。

因滨海新区政务网的网络系统架构复杂，为了赶工期项目组省掉了一些环节和工作，虽然最后通过验收，但却给后续的售后服务带来很大的麻烦：为了解决项目网络出现的问题，售后服务部的技术人员要到现场逐个环节查遍网络，绘出网络的实际连接图才能找到问题的所在。售后服务部感到对系统进行支持有帮助的资料就只有政府网站的网页HTML文档及其内嵌代码。

【问题1】（5分）

请简要分析造成该项目售后存在问题的主要原因。

【问题2】（6分）

针对该项目，请简要说明在项目建设时可能采取的质量控制方法或工具。

【问题3】（4分）

请指出，为了保障小李顺利实施项目质量管理，公司管理层应提供哪些方面的支持。

试题三分析

本题考的是有关项目质量管理理论和实践，主要涉及的是质量保证和质量控制方面的内容。在本案例的项目实施过程中没有遵循项目管理的标准和流程、没有严格把关项目质量、项目人力资源不足，以至于为了赶工期而省掉了一些环节和工作，没有为项目的日后维护留下充足的资料。虽然满足了项目进度要求，但忽略了因项目质量而导致后期维护成本的增加，对公司效益和形象造成了双重不利影响。

在实际项目过程中，很多时候我们处于时间紧、任务重、工作量大的局面。在项目质量管理过程中，只要我们能够合理调配人员，制定合理的计划来控制项目质量和进度，同时使用一些基本项目管理工具与技术来管理项目资产，就能够保证项目高质量地完成，同时还可给项目后期维护提供保证。然而在项目实施过程中，却出现了类似于本案例中所描述的一些问题，影响了项目质量。项目质量不能满足客户要求，即使进度再快，也会给客户和后期维护带来诸多负面影响。分析本案例步骤如下。

【问题1】

要求考生分析项目售后出现问题的主要原因。同样地，要从题目的说明中去找线索，这些线索如下：

"为了赶工期项目组省掉了一些环节和工作"，这说明可能牺牲了一些必要的质量管理的环节和手段，可能存在以牺牲质量换取进度的行为。

"售后服务部的技术人员要到现场逐个环节查遍网络"，说明至少缺乏"结构化布线施工图"、"竣工图"、"连线表"、"网络拓扑图"等配套文档。

"对系统进行支持有帮助的资料就只有政府网站的网页HTML文档及其内嵌代码"，这也说明缺乏和网页及代码配套的设计文档。

【问题2】

请考生简要说明在项目建设时可能采取的质量控制方法或工具。考生可参看《系统集成项目管理工程师教程》第10章"项目质量管理"的10.4节"项目质量控制"，可得到相应的启迪和启发。

【问题3】

问的是公司管理层应提供哪些方面的支持，保障实施项目的质量，不仅仅是项目经理和项目团队的事，也是公司和公司管理层的事，一个建立了质量管理体系的组织会给项目经理管理项目的质量带来极大的帮助。

参考答案

【问题1】

1. 没有遵循项目管理的标准和流程；
2. 没有按照要求生成项目中间交付物，文档不齐、太简单（或文档管理不善）；
3. 项目中间的控制环节缺失，没有进行必要的测试或评审；
4. 设计环节不完善，缺少施工图和连线图，或竣工图与施工图不符且没有提交存档；
5. 对项目售后的需求考虑不周。

【问题2】

1. 检查；
2. 测试；
3. 评审；
4. 因果图，或鱼刺图、石川图、NASHIKAWA 图；
5. 流程图；
6. 帕累托图，或 PARETO 图。

【问题3】

1. 制定公司质量管理方针；
2. 选择质量标准或制定质量要求；
3. 制定质量控制流程；
4. 提出质量保证所采取的方法和技术（或工具）；
5. 提供相应的资源。

试题四（15分）

阅读下面叙述，回答问题1至问题3，将解答填入答题纸的对应栏内。

【说明】

H 公司是一家专门从事 ERP 系统研发和实施的 IT 企业，目前该公司正在进行的一个项目是为某大型生产单位（甲方）研发 ERP 系统。

H 公司同甲方关系比较密切，但也正因为如此，合同签得较为简单，项目执行较为随意。同时甲方组织架构较为复杂，项目需求来源多样而且经常发生变化，项目范围和进度经常要进行临时调整。

经过项目组的艰苦努力，系统总算能够进入试运行阶段，但是由于各种因素，甲方并不太愿意进行正式验收，至今项目也未能结项。

【问题1】（6分）

请从项目管理角度，简要分析该项目"未能结项"的可能原因。

【问题2】（5分）

针对该项目现状，请简要说明为了促使该项目进行验收，可采取哪些措施。

【问题3】（4分）

为了避免以后出现类似情况，请简要叙述公司应采取哪些有效的管理手段。

试题四分析

本题以一个典型的ERP项目不能顺利结项为核心问题，考查考生处理项目收尾的实际经验。本题综合了项目合同管理、过程控制和沟通管理。在项目管理的实际工作中导致项目未能结项的原因很多，例如合同简单、"项目目标、质量、工期和验收标准的规定不明确"、项目需求不确定、项目范围和进度变更频繁、从项目立项到项目收尾都没有一个清晰的流程和标准来管理项目的开发过程、缺乏严格的项目管理与控制等等都有可能最终导致项目不能正式验收。具体分析如下。

【问题1】

要求分析该项目"未能结项"的可能原因。从本题的说明中可知可能的原因如下：

"H公司同甲方关系比较密切"、"合同签得较为简单"，说明合同订得不详细，可能为项目的实施带来冲突和风险。

"项目执行较为随意"，说明项目的执行不规范。

"项目需求来源多样而且经常发生变化"，说明需求分析存在问题，需求管理可能不规范。

"项目范围和进度经常要进行临时调整"，说明范围和进度管理可能存在问题。

也可能在该项目执行过程中未能进行及时有效的沟通，用户对项目阶段性成果缺乏认可，故不可能对项目进行终验。

综合以上分析，"甲方并不太愿意进行正式验收"也就可以理解了。

【问题2】

要求说明促使该项目进行验收可采取的措施，例如通过沟通手段，使双方对需求、范围、进度、质量、验收标准和验收方法步骤等达成一致。考生可认真查阅《系统集成项目管理工程师教程》第19章"项目收尾管理"的有关内容。

【问题3】

要求考生回答公司应采取哪些有效的管理手段以使项目顺利结项，考生应结合问题1的分析，给出公司应采取的"亡羊补牢"管理手段。

考生应针对该企业在项目合同管理、过程控制和项目沟通管理等方面存在的问题，总结归纳经验教训。

参考答案

【问题1】

1. 对项目的风险认识不足；
2. 合同中可能未对工期、质量和项目目标等关键问题进行约束；
3. 未能进行有效的需求调研或需求分析不全面；
4. 未能进行有效的项目（整体）变更控制；
5. 项目执行过程中未能进行及时有效的沟通（或建立有效的沟通机制）。

【问题2】

1. 请求公司的管理层出面去与甲方协调；
2. 重新确认需求并获得各方认可；

3．和甲方明确合同以及双方确认的补充协议等，包括修改后的范围、进度和质量方面的文件等，作为验收标准；

4．准备好相应的项目结项文档，向甲方提交。

【问题 3】

1．要在合同评审阶段参与评审，在合同中明确相应的项目目标和进度；

2．需求调查和需求变更要有清楚的文档和会议纪要；

3．及时与甲方进行沟通，必要时请求公司管理层的支援；

4．阶段验收前，文档要齐全，阶段目标要保证实现，后期目标调整要有承诺；

5．引入监理机制；

6．做好有效的变更控制。

试题五（15 分）

阅读下列说明，回答问题 1 至问题 3。将解答填入答题纸的对应栏内。

【说明】

小赵是一位优秀的软件设计师，负责过多项系统集成项目的应用开发，现在公司因人手紧张，让他作为项目经理独自管理一个类似的项目，他使用瀑布模型来管理该项目的全生命周期，如下所示：

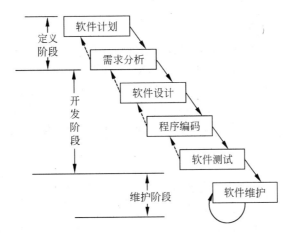

项目进行到实施阶段，小赵发现在系统定义阶段所制订的项目计划估计不准，实施阶段有许多原先没有估计到的任务现在都冒了出来。项目工期因而一再延期，成本也一直超出。

【问题 1】（6 分）

根据项目存在的问题，请简要分析小赵在项目整体管理方面可能存在的问题。

【问题 2】（6 分）

（1）请简要叙述瀑布模型的优缺点。

（2）请简要叙述其他模型如何弥补瀑布模型的不足。

【问题 3】（3 分）

针对本案例，请简要说明项目进入实施阶段时，项目经理小赵应该完成的项目文档工作。

试题五分析

本题考的是项目经理对项目生命周期的划分方法，以及各种生命周期模型的优缺点。

【问题 1】

要求分析出项目经理在项目整体管理方面可能存在的问题。则考生应当灵活运用项目整体管理的知识，结合项目的渐进明细特点，例如使用滚动波浪式方法来管理项目的整体和全局，这样的话在系统设计阶段除完成系统设计的技术工作外，也应该对项目的初始计划进行优化和细化。例如说明中提到小赵是一位优秀的软件设计师，虽然具有较多开发经验，但作为项目经理是第一次，缺乏项目管理经验，造成项目工期一再延期，成本也一直超出，说明其可能过于关注各阶段内的具体工作、关注技术工作，而忽视了管理活动甚至项目的整体监控和协调。

再如项目进行到实施阶段，小赵发现在系统定义阶段所制订的项目计划估计不准，实施阶段有许多原先没有估计到的任务现在都冒了出来，说明需求分析和项目计划的结果不足以指导后续工作，同时项目技术工作的生命周期未按时间顺序与管理工作的生命周期统一协调起来。

【问题 2】

要求考生熟悉瀑布模型的优缺点，并给出弥补此种模型不足的办法。考生可查阅《系统集成项目管理工程师教程》3.2 节"信息系统建设"、3.3 节"软件工程"以及 4.4 节"典型的信息系统项目的生命周期模型"中的相关内容。

【问题 3】

考查项目的文档管理，要求说明项目进入实施阶段时项目经理应该完成的项目文档工作。考生可根据自己的实际经验，给出实施阶段要完成提交的项目文档及其工作。

参考答案

【问题 1】

1. 系统定义不够充分（需求分析和项目计划的结果不足以指导后续工作）；
2. 过于关注各阶段内的具体技术工作，忽视了项目的整体监控和协调；
3. 过于关注技术工作，而忽视了管理活动；
4. 项目技术工作的生命周期未按时间顺序与管理工作的生命周期统一协调起来。

【问题 2】

1. 瀑布模型的优点：阶段划分次序清晰，各阶段人员的职责规范、明确，便于前后活动的衔接，有利于活动重用和管理。

瀑布模型的缺点：是一种理想的线性开发模式，缺乏灵活性（或风险分析），无法解决需求不明确或不准确的问题。

2. 原型化模型（演化模型），用于解决需求不明确的情况。

螺旋模型，强调风险分析，特别适合庞大而复杂的、高风险的系统。

【问题 3】

　　需求分析与需求分析说明书；验收测试计划（或需求确认计划）；

　　系统设计说明书；系统设计工作报告；系统测试计划或设计验证计划；

　　详细的项目计划；单元测试用例及测试计划；编码后经过测试的代码；

　　测试工作报告；项目监控文档如周例会纪要等。

第3章 2009下半年系统集成项目管理工程师上午试题分析与解答

试题（1）

国家信息化体系包括6个要素，这6个要素的关系如下图所示，其中①的位置应该是 (1) 。

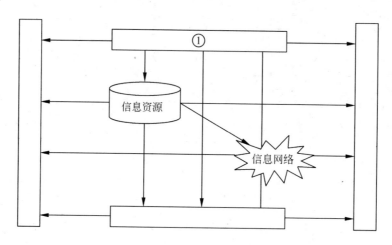

国家信息化6要素关系图

(1) A. 信息化人才　　　　　　　　B. 信息技术应用

C. 信息技术和产业　　　　　　D. 信息化政策法规和标准规范

试题（1）分析

本题考查国家信息化体系的构成。

《系统集成项目管理工程师教程》的"1.1.3　国家信息化体系要素"节中指出：国家信息化体系包括信息技术应用、信息资源、信息网络、信息技术和产业、信息化人才、信息化法规政策和标准规范6个要素，这6个要素按照上图所示的关系构成了一个有机的整体。

参考答案

(1) B

试题（2）

  (2) 不属于供应链系统设计的原则。

（2）A．分析市场需求和竞争环境　　　　B．自顶向下和自底向上相结合
　　　C．简洁　　　　　　　　　　　　　D．取长补短

试题（2）分析

本题考查供应链系统设计的原则。

《系统集成项目管理工程师教程》的"1.3.4　供应链管理的设计"节中指出：供应链系统设计的原则包括自顶向下和自底向上相结合、简洁性原则、取长补短原则、动态性原则、合作性原则、创新性原则、战略性原则。

参考答案

（2）A

试题（3）

在 ERP 系统中，不属于物流管理模块功能的是　(3)　。

（3）A．库存控制　　　　　　　　　　　B．销售管理
　　　C．物料需求计划管理　　　　　　　D．采购管理

试题（3）分析

本题考查物流管理的内容。

《系统集成项目管理工程师教程》的"1.3.2　物流管理"节中指出：物流管理包括销售管理、库存控制、采购管理和人力资源管理。

参考答案

（3）C

试题（4）

CRM 系统是基于方法学、软件和互联网的，以有组织的方式帮助企业管理客户关系的信息系统。　(4)　准确地说明了 CRM 的定位。

（4）A．CRM 在注重提高客户的满意度的同时，一定要把帮助企业提高获取利润的能力作为重要指标
　　　B．CRM 有一个统一的以客户为中心的数据库，以方便对客户信息进行全方位的统一管理
　　　C．CRM 能够提供销售、客户服务和营销三个业务的自动化工具，具有整合各种客户联系渠道的能力
　　　D．CRM 系统应该具有良好的可扩展性和可复用性，并把客户数据可以分为描述性、促销性和交易性数据三大类

试题（4）分析

本题考查 CRM 的定义问题。

《系统集成项目管理工程师教程》的"1.3.3　CRM（客户关系管理）的概念和定义"节中指出：CRM 所涵盖的要素主要有：第一，CRM 以信息技术为手段，但是 CRM 绝不仅仅是某种信息技术的应用，它更是一种以客户为中心的商业策略，CRM 注重的是与

客户的交流，企业的经营是以客户为中心，而不是传统的以产品或以市场为中心。第二，CRM 在注重提高客户满意度的同时，一定要把帮助企业提高获取利润的能力作为重要指标。第三，CRM 的实施要求企业对其业务功能进行重新设计，并对工作流程进行重组，将业务的中心转移到客户，同时要针对不同的客户群体有重点地采取不同的策略。

参考答案

（4）A

试题（5）

　　__(5)__ 是通过对商业信息的搜集、管理和分析，使企业的各级决策者获得知识或洞察力，促使他们做出有利决策的一种技术。

（5）A．客户关系管理（CRM）　　　　B．办公自动化（OA）

　　　　C．企业资源计划（ERP）　　　　D．商业智能（BI）

试题（5）分析

　　本题考查信息化基础知识中的几个基本概念。

　　《系统集成项目管理工程师教程》的"1.4　商业智能"节中指出：商业智能能够辅助组织的业务经营决策，既可以是操作层的，也可以是战术层和战略层的决策。概括地说，商业智能的实现涉及软件、硬件、咨询服务及应用，是对商业信息的搜集、管理和分析过程，目的是使企业的各级决策者获得知识或洞察力，促使他们做出对企业更有利的决策。

参考答案

（5）D

试题（6）

　　某一 MIS 系统项目的实施过程如下：需求分析、概要设计、详细设计、编码、单元测试、集成测试、系统测试、验收测试。那么该项目最有可能采用的是__(6)__。

（6）A．瀑布模型　　　B．迭代模型　　　C．V 模型　　　　D．螺旋模型

试题（6）分析

　　本题考查 V 模型的各阶段。

　　《系统集成项目管理工程师教程》的"4.4　典型的信息系统项目的生命周期模型"节中 V 模型示意图（图 4-14）中显示：V 模型的左边下降的是开发过程各阶段，包括需求分析、概要设计、详细设计和编码。V 模型的右边上升的是测试过程的各个阶段，包括单元测试、集成测试、系统测试和验收测试。

参考答案

（6）C

试题（7）

　　以质量为中心的信息系统工程控制管理工作是由 3 方分工合作实施的，这 3 方不包括__(7)__。

（7）A．主建方　　　　　B．承建方　　　　　C．评测单位　　　　D．监理单位

试题（7）分析

本题考查信息系统工程中的监理制度。

《系统集成项目管理工程师教程》的第 2 章"信息系统服务管理"中明确指出：以质量为中心的信息系统工程的控制管理工作由建设单位（主建方）、集成单位（承建单位）和监理单位分工合作实施。

参考答案

（7）C

试题（8）

典型的信息系统项目开发的过程为：需求分析、概要设计、详细设计、程序设计、调试与测试、系统安装与部署。__（8）__阶段拟定了系统的目标、范围和要求。

（8）A．概要设计　　　　B．需求分析　　　　C．详细设计　　　　D．程序设计

试题（8）分析

本题考查软件工程的知识。

需求分析阶段要确定对系统的综合要求、功能要求和性能要求等。而概要设计、详细设计均是对系统的具体设计方案的分析。程序设计即为编码过程。

参考答案

（8）B

试题（9）

常用的信息系统开发方法中，不包括__（9）__。

（9）A．结构化方法　　B．关系方法　　　C．原型法　　　　D．面向对象方法

试题（9）分析

本题考查信息系统的开发方法。

《系统集成项目管理工程师教程》的"3.2.2　信息系统开发方法"节中指出：目前常用的开发方法有结构化方法、原型法和面向对象法。

参考答案

（9）B

试题（10）

应用已有软件的各种资产构造新的软件，以缩减软件开发和维护的费用，称为__（10）__。

（10）A．软件继承　　B．软件利用　　　C．软件复用　　　D．软件复制

试题（10）分析

本题考查软件复用的定义。

《系统集成项目管理工程师教程》的"3.3.3　软件复用"节中指出：软件复用是指利用已有软件的各种有关知识构造新的软件，以缩减软件开发和维护的费用。

参考答案

（10）C

试题（11）

在软件生命周期中，能准确地确定软件系统必须做什么和必须具备哪些功能的阶段是　(11)　。

（11）A．概要设计　　B．详细设计　　　C．可行性分析　　D．需求分析

试题（11）分析

本题考查软件工程中软件各个生命周期的作用。

软件生命周期可分为可行性分析、需求分析、概要设计、详细设计、编码和单元测试、综合测试、软件维护等阶段。其中在需求分析阶段要确定为解决该问题，目标系统要具备哪些功能；可行性分析阶段要确定问题有无可行的解决方案，是否值得解决；概要设计阶段制定出实现该系统的详细计划；详细设计阶段就是把问题的求解具体化，设计出程序的详细规格说明。

参考答案

（11）D

试题（12）

在我国的标准化代号中，属于推荐性国家标准代号的是 (12)　。

（12）A．GB　　　　　B．GB/T　　　　　C．GB/Z　　　　　D．GJB

试题（12）分析

本题考查我国标准的代号和名称。

《系统集成项目管理工程师教程》的"21.5.6　我国标准的代号和名称"节中指出：强制性国家标准代号为 GB，推荐性国家标准代号为 GB/T，国家标准指导性技术文件代号为 GB/Z，国军标代号为 GJB。

参考答案

（12）B

试题（13）

下列关于《软件文档管理指南　GB/T 16680—1996》的描述，正确的是　(13)　。

（13）A．该标准规定了软件文档分为：开发文档、产品文档和管理文档

　　　　B．该标准给出了软件项目开发过程中编制软件需求说明书的详细指导

　　　　C．该标准规定了在制定软件质量保证计划时应遵循的统一的基本要求

　　　　D．该标准给出了软件完整生存周期中所涉及的各个过程的一个完整集合

试题（13）分析

软件的整个生命周期都要求编制文档，文档是管理项目和软件的基础。本标准回答下列问题：如何编制文档？文档编制有哪些编制指南？如何定制文档编制计划？如何确

定文档管理的各个过程？文档管理需要哪些资源？

从这些问题可以看出，该标准是对整个软件生命周期各个文档在宏观上的把握，而不是对某一个文档的标准进行管理。

参考答案

（13）A

试题（14）

有关信息系统集成的说法错误的是　(14)　。

（14）A. 信息系统集成项目要以满足客户和用户的需求为根本出发点

　　　B. 信息系统集成包括设备系统集成和管理系统集成

　　　C. 信息系统集成包括技术、管理和商务等各项工作，是一项综合性的系统工程

　　　D. 系统集成是指将计算机软件、硬件、网络通信等技术和产品集成为能够满足用户特定需求的信息系统

试题（14）分析

本题考查信息系统集成的概念及特点。

《系统集成项目管理工程师教程》的第 3 章中说明了信息系统集成有以下几个特点：

（1）信息系统集成要以满足用户需求为根本出发点。

（2）信息系统集成不只是设备选择和供应，更重要的是，它是具有高技术含量的工程过程，要面向需求提供全面解决方案，其核心是软件。

（3）系统集成的最终交付物是一个完整的系统，而不是一个分立的产品。

（4）系统集成包括技术、管理和商务等各项工作，是一项综合性的工程。

《系统集成项目管理工程师教程》将信息系统集成的概念定义为：系统集成是指将计算机软件、硬件、网络通信等技术和产品集成为能够满足用户特定需求的信息系统。主要包括设备系统集成和应用系统集成。

参考答案

（14）B

试题（15）

关于 UML，错误的说法是　(15)　。

（15）A. UML 是一种可视化的程序设计语言

　　　B. UML 不是过程，也不是方法，但允许任何一种过程和方法使用

　　　C. UML 简单且可扩展

　　　D. UML 是面向对象分析与设计的一种标准表示

试题（15）分析

本题考查 UML 的概念及其语言的特征。

《系统集成项目管理工程师教程》的"3.4.2　可视化建模与统一建模语言"节中指

出：UML 是一个通用的可视化建模语言，它是面向对象分析和设计的一种标准化表示，用于对软件进行描述、可视化处理、构造和建立软件系统的文档。UML 具有如下语言特征：

（1）UML 不是一种可视化的程序设计语言，而是一种可视化的建模语言。

（2）UML 是一种建模语言规范说明，是面向对象分析与设计的一种标准表示。

（3）UML 不是过程，也不是方法，但允许任何一种过程和方法使用它。

（4）简单并且可扩展，具有扩展和专有化机制，便于扩展，无须对核心概念进行修改。

（5）为面向对象的设计与开发中涌现出的高级概念（如协作、框架、模式和组件）提高支持，强调在软件开发中对架构、框架、模式和组件的重用。

（6）与最好的软件工程实践经验集成。

参考答案

（15）A

试题（16）

在 UML 中，动态行为描述了系统随时间变化的行为，下面不属于动态行为视图的是___（16）___。

（16）A．状态机视图　　　B．实现视图　　　C．交互视图　　　D．活动视图

试题（16）分析

本题考查动态行为视图的种类。

《系统集成项目管理工程师教程》的"3.4.2　可视化建模与统一建模语言"节中指出：UML 视图的最上层分成结构、动态行为和模型管理 3 个视图域。其中动态行为视图包括状态机视图、活动视图和交互视图。

参考答案

（16）B

试题（17）、（18）

面向对象中的___（17）___机制是对现实世界中遗传现象的模拟。通过该机制，基类的属性和方法被遗传给派生类；___（18）___是指把数据以及操作数据的相关方法组合在同一单元中，这样可以把类作为软件复用中的基本单元，提高内聚度，降低耦合度。

（17）A．复用　　　B．消息　　　C．继承　　　D．变异

（18）A．多态　　　B．封装　　　C．抽象　　　D．接口

试题（17）、（18）分析

本题考查面向对象的基本知识。

根据《系统集成项目管理工程师教程》的"3.4.1　面向对象的基本概念"节中的内容即可判断本题目的正确答案。

参考答案

（17）C　（18）B

试题（19）

在进行网络规划时，要遵循统一的通信协议标准。网络架构和通信协议应该选择广泛使用的国际标准和事实上的工业标准，这属于网络规划的 　(19)　。

（19）A．实用性原则　　　　　　　　　B．开放性原则

　　　 C．先进性原则　　　　　　　　　D．可扩展性原则

试题（19）分析

本题考查开放性原则的定义。

《系统集成项目管理工程师教程》的"3.7.11　网络规划、设计及实施原则"节中指出：网络规划原则包括实用性原则、开放性原则以及先进性原则。开放性原则是指网络必须制定全国统一的网络构架，并遵循统一的通信协议标准。网络构架和通信协议应该选择广泛使用的国际工业标准，使得网络成为一个完全开放式的网络计算环境。开放性原则包括开发标准、开发技术、开发结构、开发系统组件和开发用户接口。

参考答案

（19）B

试题（20）

DNS 服务器的功能是将域名转换为 　(20)　。

（20）A．IP 地址　　　B．传输地址　　　C．子网地址　　　D．MAC 地址

试题（20）分析

本题考查网络基本知识。

全球计算机是靠 IP 地址进行唯一标识的，由于 IP 地址比较难于记忆，人们更习惯用域名来记忆。而域名服务就是实现将域名转换为 IP 地址的功能。

参考答案

（20）A

试题（21）

目前，综合布线领域广泛遵循的标准是 　(21)　。

（21）A．GB/T 50311—2000　　　　　B．TIA/EIA 568 D

　　　 C．TIA/EIA 568 A　　　　　　　D．TIA/EIA 570

试题（21）分析

本题考查综合布线领域广泛遵循的标准。

《系统集成项目管理工程师教程》的"3.7.10　综合布线、机房工程"节中指出：目前在综合布线领域被广泛遵循的标准是 TIA/EIA 568A。

参考答案

（21）C

试题（22）

以下关于接入 Internet 的叙述，___（22）___ 是不正确的。

（22）A．以终端的方式入网，需要一个动态的 IP 地址

B．通过 PPP 拨号方式接入，可以有一个动态的 IP 地址

C．通过 LAN 接入，可以有固定的 IP 地址，也可以用动态分配的 IP 地址

D．通过代理服务器接入，多个主机可以共享 1 个 IP 地址

试题（22）分析

本题考查网络基本知识中的 Internet 接入技术。

在接入 Internet 有终端方式和局域网方式，二者都可以使用固定的 IP 地址，也可以使用动态的地址。

参考答案

（22）A

试题（23）

___（23）___ 是将存储设备与服务器直接连接的存储模式。

（23）A．DAS　　　　　B．NAS　　　　　C．SAN　　　D．SCSI

试题（23）分析

本题考查网络存储模式。

《系统集成项目管理工程师教程》的"3.7.7　网络存储模式"节中指出：现有的三大存储模式包括 DAS、NAS 和 SAN。其中 DAS 是存储器与服务器的直接连接；NAS 是将存储设备通过标准的网络拓扑结构（如以太网）连接到一系列计算机上；SAN 是采用高速的光纤通道作为传输介质的网络存储技术。

参考答案

（23）A

试题（24）

电子商务安全要求的 4 个方面是___（24）___。

（24）A．传输的高效性、数据的完整性、交易各方的身份认证和交易的不可抵赖性

B．存储的安全性、传输的高效性、数据的完整性和交易各方的身份认证

C．传输的安全性、数据的完整性、交易各方的身份认证和交易的不可抵赖性

D．存储的安全性、传输的高效性、数据的完整性和交易的不可抵赖性

试题（24）分析

现代电子商务是指使用基于因特网的现代信息技术工具和在线支付方式进行商务活动。电子商务安全要求包括 4 个方面：

（1）数据传输的安全性。对数据传输的安全性要求在网络传送的数据不被第三方窃取。

（2）数据的完整性。对数据的完整性要求是指数据在传输过程中不被篡改。

（3）身份验证。确认双方的账户信息是否真实有效。

（4）交易的不可抵赖性。保证交易发生纠纷时有所对证。

参考答案

（24）C

试题（25）

应用数据完整性机制可以防止 ＿＿（25）＿＿。

（25）A. 假冒源地址或用户地址的欺骗攻击　　B. 抵赖做过信息的递交行为

　　　　C. 数据中途被攻击者窃听获取　　　　D. 数据在途中被攻击者篡改或破坏

试题（25）分析

现代电子商务是指使用基于因特网的现代信息技术工具和在线支付方式进行商务活动。电子商务安全要求包括 4 个方面：

（1）数据传输的安全性。对数据传输的安全性要求在网络传送的数据不被第三方窃取。

（2）数据的完整性。对数据的完整性要求是指数据在传输过程中不被篡改。

（3）身份验证。确认双方的账户信息是否真实有效。

（4）交易的不可抵赖性。保证交易发生纠纷时有所对证。

参考答案

（25）D

试题（26）

应用系统运行中涉及的安全和保密层次包括 4 层，这 4 个层次按粒度从粗到细的排列顺序是＿＿（26）＿＿。

（26）A. 数据域安全、功能性安全、资源访问安全、系统级安全

　　　　B. 数据域安全、资源访问安全、功能性安全、系统级安全

　　　　C. 系统级安全、资源访问安全、功能性安全、数据域安全

　　　　D. 系统级安全、功能性安全、资源访问安全、数据域安全

试题（26）分析

本题考查系统安全问题。

《系统集成项目管理工程师教程》的"17.5.2　应用系统运行中的安全管理"节中系统运行安全与保密的层次构成中指出：应用系统运行中涉及的安全和保密层次，按照粒度从粗到细的排序是系统级安全、资源访问安全、功能性安全和数据域安全。

参考答案

（26）C

试题（27）

为了确保系统运行的安全，针对用户管理，下列做法不妥当的是＿＿（27）＿＿。

（27）A. 建立用户身份识别与验证机制，防止非法用户进入应用系统

　　　　B. 用户权限的分配应遵循"最小特权"原则

　　　　C．用户密码应严格保密，并定时更新

　　　　D．为了防止重要密码丢失，把密码记录在纸质介质上

试题（27）分析

　　本题考查用户管理制度。

　　《系统集成项目管理工程师教程》的"17.5.2　应用系统运行中的安全管理"节中指出：系统运行的安全管理中关于用户管理制度的内容包括建立用户身份识别与验证机制，防止非法用户进入应用系统；对用户及其权限的设定进行严格管理，用户权限的分配遵循"最小特权"原则；用户密码应严格保密，并及时更新；重要用户密码应密封交安全管理员保管，人员调离时应及时修改相关密码和口令。

参考答案

　　（27）D

试题（28）

　　下面关于数据仓库的叙述，错误的是　（28）　。

　　（28）A．在数据仓库的结构中，数据源是数据仓库系统的基础

　　　　B．数据的存储与管理是整个数据仓库系统的核心

　　　　C．数据仓库前端分析工具中包括报表工具

　　　　D．数据仓库中间层 OLAP 服务器只能采用关系型 OLAP

试题（28）分析

　　本题考查数据仓库的系统结构。

　　《系统集成项目管理工程师教程》的"3.6.1　数据库与数据仓库技术"节中指出：在数据仓库的结构中，数据源是数据仓库系统的基础，通常包括企业内部信息和外部信息。数据的存储与管理是整个数据仓库系统的核心。OLAP 服务器对分析需要的数据进行有效集成，按多维模型组织，以便进行多角度、多层次的分析，并发现趋势。具体实现可以分为 ROLAP、MOLAP 和 HOLAP。数据仓库的前端工具主要包括各种报表工具、查询工具、数据分析工具、数据挖掘工具以及各种基于数据仓库的应用开发工具。

参考答案

　　（28）D

试题（29）

　　以下　（29）　是 SOA 概念的一种实现。

　　（29）A．DCOM　　　　B．J2EE　　　　C．Web Service　　　　D．WWW

试题（29）分析

　　本题考查几种典型的应用集成技术。

　　《系统集成项目管理工程师教程》的"3.6　典型应用集成技术"节中指出：Web Service 服务的典型技术包括用于传递信息的简单对象访问协议 SOAP，用于描述服务的 Web 服务描述语言 WSDL，用于 Web 服务注册的统一描述，发现及集成 UDDI，用于数据交换的 XML。

参考答案

（29）C

试题（30）

在.NET 架构中，　（30）　给开发人员提供了一个统一的、面向对象的、层次化的、可扩展的编程接口。

(30) A. 通用语言规范　　　　　　　B. 基础类库

　　　 C. 通用语言运行环境　　　　 D. ADO.NET

试题（30）分析

本题考查基础类库的概念。

《系统集成项目管理工程师教程》的"3.6.3　J2EE、.NET 架构"节中关于.NET 架构的介绍中指出：基础类库给开发人员提供一个统一的、面向对象的、层次化的、可扩展的编程接口，使开发人员能够高效、快速地构建基于下一代因特网的网络应用。

参考答案

（30）B

试题（31）

在　（31）　中，项目经理权限最大。

(31) A. 职能型组织　　　　　　　　B. 弱矩阵型组织

　　　 C. 强矩阵型组织　　　　　　　D. 项目型组织

试题（31）分析

本题考查项目管理中的"项目的组织方式"。

《系统集成项目管理工程师教程》的"4.2.3　组织结构"节中在对比组织结构对项目的影响时列表指出：项目经理的权力在职能型组织中权力很小或没有；在矩阵型组织中权力有限或者权力中等；而在项目型组织中权力很大或者全权负责。

参考答案

（31）D

试题（32）

下列选项中，不属于项目建议书核心内容的是　（32）　。

(32) A. 项目的必要性　　　　　　　B. 项目的市场预测

　　　 C. 产品方案或服务的市场预测　D. 风险因素及对策

试题（32）分析

本题考查立项管理。

《系统集成项目管理工程师教程》的"5.1.2　项目建议书"节中指出：项目建议书的内容包括项目的必要性、项目的市场预测、产品方案或服务的市场预测、项目建设必需的条件。

参考答案

（32）D

试题（33）

以下关于投标文件送达的叙述，__(33)__ 是错误的。

(33) A. 投标人必须按照招标文件规定的地点、在规定的时间内送达投标文件

　　　 B. 投递投标书的方式最好是直接送达或委托代理人送达，以便获得招标机构已收到投标书的回执

　　　 C. 如果以邮寄方式送达的，投标人应保证投标文件能够在截止日期之前投递即可

　　　 D. 招标人收到标书以后应当签收，在开标前不得开启

试题（33）分析

本题考查项目采购管理中的投标注意事项。

《招标投标法》规定：投标人应当在招标文件要求提交投标文件的截止时间前，将投标文件送达投标地点。招标人收到投标文件后，应当签收保存，不得开启。

投标人必须按照招标文件规定的地点，在规定的时间内送达投标文件。投递投标书的方式最好是直接送达或者委托代理人送达，以便获得招标机构已收到投标书的回执。

如果以邮寄方式送达的，投标人必须留出邮寄的时间，保证投标文件能够在截止日之前送达招标人指定的地点，而不是以"邮戳为准"。

参考答案

(33) C

试题（34）

某单位要对一个网络集成项目进行招标，由于现场答辩环节没有一个定量的标准，相关负责人在制定该项评分细则时规定本项满分为 10 分，但是评委的打分不得低于 5 分。这一规定反映了制定招标评分标准时__(34)__。

(34) A. 以客观事实为依据　　　　　B. 得分应能明显分出高低

　　　 C. 严格控制自由裁量权　　　　D. 评分标准应便于评审

试题（34）分析

本题考查制定招标文件时的注意事项。

《系统集成项目管理工程师教程》的"5.2.3　项目招标"节中说明的制定招标评分标准的注意事项：（1）以客观事实为依据。（2）严格控制自由裁量权。（3）得分应能明显分出高低。（4）执行国家规定，体现国家政策。（5）评分标准应便于评审。（6）细则横向比较。本题中明显不符合"严格控制自由裁量权"一条。

参考答案

(34) C

试题（35）

不属于活动资源估算输出的是__(35)__。

(35) A. 活动属性　　　B. 资源分解结构　　　C. 请求的变更　　　D. 活动清单

试题（35）分析

本题考查项目进度管理中的活动资源估算。

《系统集成项目管理工程师教程》的"8.4.4　活动资源估算的输出"节中指出：活动资源估算的输出包括活动资源要求、活动属性、资源分解结构、资源日历和请求的变更。而"活动清单"属于活动资源估算的输入。

参考答案

（35）D

试题（36）

某项目中有两个活动单元：活动一和活动二，其中活动一开始后活动二才能开始。能正确表示这两个活动之间依赖关系的前导图是___（36）___。

试题（36）分析

本题考查对活动排序技术和方法的理解。

《系统集成项目管理工程师教程》的"8.3.2　活动排序所采用的主要方法和技术"节中介绍了前导图的含义及使用方法。

参考答案

（36）C

试题（37）、（38）

A 公司的某项目即将开始，项目经理估计该项目 10 天即可完成，如果出现问题耽搁了也不会超过 20 天完成，最快 6 天即可完成。根据项目历时估计中的 3 点估算法，你认为该项目的历时为___（37）___，该项目历时的估算方差为___（38）___。

（37）A．10 天　　　　B．11 天　　　　C．12 天　　　　D．13 天

（38）A．2.1 天　　　　B．2.2 天　　　　C．2.3 天　　　　D．2.4 天

试题（37）、（38）分析

本题考查对项目进度中活动历时估算的掌握。

根据《系统集成项目管理工程师教程》的"8.5.2　活动历时估算所采用的主要方法和技术"节所介绍的三点估算法：

活动的历时=（最乐观历时+4×最可能历时+最悲观历时）/6

=（6+10×4+20）/6=66/6=11

活动历时方差=（最悲观历时−最乐观历时）/6=（20−6）/6=2.3

参考答案

（37）B　　（38）C

试题（39）

项目人力资源计划编制完成以后，不能得到的是　（39）　。

（39）A. 角色和职责的分配　　　　　　B. 项目的组织结构图

　　　C. 人员配置管理计划　　　　　　D. 项目团队成员的人际关系

试题（39）分析

本题考查人力资源计划的内容。

《系统集成项目管理工程师教程》的第 11 章"项目人力资源计划编制的输出"中指出：人力资源计划应该包括但不限于以下内容：角色和职位的分配、项目的组织结构图、人员配备管理计划。

参考答案

（39）D

试题（40）

公司要求项目团队中的成员能够清晰地看到与自己相关的所有活动以及和某个活动相关的所有成员。项目经理在编制该项目人力资源计划时应该选用的组织结构图类型是　（40）　。

（40）A. 层次结构图　　　B. 矩阵图　　　　C. 树形图　　D. 文本格式描述

试题（40）分析

本题考查矩阵图的应用。

《系统集成项目管理工程师教程》的"11.2.1　项目组织结构图"节中指出：层次结构图、责任分配矩阵和文本格式是常用的描述项目角色和职责的结构图。其中，责任矩阵图是反映团队成员个人与其承担的工作之间联系的最直观方法。

参考答案

（40）B

试题（41）

一些公司为了满足公司员工社会交往的需要会经常组织一些聚会和社会活动，还为没有住房的员工提供住处。这种激励员工的理论属于　（41）　。

（41）A. 赫茨伯格的双因素理论　　　　B. 马斯洛需要层次理论

　　　C. 期望理论　　　　　　　　　　D. X 理论和 Y 理论

试题（41）分析

本题考查马斯洛需要层次理论的内容。

《系统集成项目管理工程师教程》的"11.3.2　现代激励理论体系和基本概念"节中指出：典型的激励理论有马斯洛需要层次理论、赫茨伯格的双因素理论和期望理论。其中马斯洛需要层次理论是一个 5 层的金字塔结构。该理论以金字塔结构形式表示人们的行为受到一系列需求的引导和刺激，在不同的层次满足不同的需要才能达到激励的作用。生理需要、安全需求、社会交往的需要、自尊的需要和自我实现的需要是该理论的各层次。在马洛斯需要层次中，底层的 4 种需要，即生理、安全、社会和自尊被认为是基本的需要，而自我实现的需要是最高层次的需要。

参考答案

（41）B

试题（42）

下面关于 WBS 的描述，错误的是　（42）　。

（42）A．WBS 是管理项目范围的基础，详细描述了项目所要完成的工作

　　　B．WBS 最底层的工作单元称为功能模块

　　　C．树型结构图的 WBS 层次清晰、直观、结构性强

　　　D．比较大的、复杂的项目一般采用列表形式的 WBS 表示

试题（42）分析

本题考查对工作分解结构的理解。

《系统集成项目管理工程师教程》的"7.4　创建工作分解结构"节中指出：WBS 是项目管理范围的基础，详细描述了项目所要完成的工作。它的最底层工作单元称为工作包，它定义项目组织、设定项目产品的质量和规格等。WBS 的表示形式有树形和列表结构。其中树形结构层次清晰、直观、结构性强，但是不容易修改；而列表结构直观性较差，但是容量大，因此常用于一些大型、复杂的项目。

参考答案

（42）B

试题（43）

　（43）　是客户等项目干系人正式验收并接收已完成的项目可交付物的过程。

（43）A．范围确认　　　B．范围控制　　　C．范围基准　　　D．范围过程

试题（43）分析

本题考查对项目范围管理中基本概念的理解。

《系统集成项目管理工程师教程》中指出：范围确认是客户等项目干系人正式验收并接收已完成的项目可交付物的过程；范围控制是监控项目状态，如项目的工作范围状态和产品范围状态的过程，也是控制变更的过程。"范围基准"和"范围过程"根本不是一个过程。

参考答案

（43）A

试题（44）

某项目经理正在负责某政府的一个大项目，采用自下而上的估算方法进行成本估算，一般而言，项目经理首先应该　（44）　。

（44）A．确定一种计算机化的工具，帮助其实现这个过程

　　　 B．利用以前的项目成本估算来帮助其实现

　　　 C．识别并估算每一个工作包或细节最详细的活动成本

　　　 D．向这个方向的专家咨询，并将他们的建议作为估算基础

试题（44）分析

本题考查项目成本估算的步骤。

《系统集成项目管理工程师教程》的"9.3.2　项目成本估算的主要步骤"节中指出：编制项目成本估算需要进行以下 3 个主要步骤：（1）识别并分析成本的构成科目。（2）根据已识别的项目成本构成科目，估算每一科目的成本大小。（3）分析成本估算结果，找出可以相互替代的成本，协调各种成本之间的比例关系。

参考答案

（44）C

试题（45）

企业的保安费用对于项目而言属于 ___（45）___ 。

（45）A．可变成本　　　　B．固定成本　　　C．间接成本　　　D．直接成本

试题（45）分析

本题考查成本的类型。

《系统集成项目管理工程师教程》的"9.1.2　相关术语"节中指出：成本类型包括可变成本、固定成本、直接成本和间接成本。

- 可变成本：随着生产量、工作量或时间而变的成本，又称为变动成本。
- 固定成本：不随生产量、工作量或时间的变化而变化的非重复成本。
- 直接成本：直接可以归属于项目工作的成本，如项目团队差旅费、工资、项目使用的物料及设备使用费等。
- 间接成本：来自一般管理费用科目或几个项目共同担负的项目成本所分摊给本项目的费用，就形成了项目的间接成本，如税金、额外福利和保卫费用等。

参考答案

（45）C

试题（46）

在某项目进行的第三个月，累计计划费用是 25 万元人民币，而实际支出为 28 万元，以下关于这个项目进展的叙述，正确的是___（46）___ 。

（46）A．提供的信息不全，无法评估　　　　B．由于成本超支，项目面临困难

　　　 C．项目将在原预算内完成　　　　　　D．项目计划提前

试题（46）分析

本题考查项目的成本管理。

根据成本控制的方法，本题所给参数不全，无法判断是否超出预算。

参考答案

（46）A

试题（47）

德尔菲技术作为风险识别的一种方法，主要用途是　（47）　。

（47）A．为决策者提供图表式的决策选择次序

　　　　B．确定具体偏差出现的概率

　　　　C．有助于将决策者对风险的态度考虑进去

　　　　D．减少分析过程中的偏见，防止任何人对事件结果施加不正确的影响

试题（47）分析

本题考查德尔菲风险识别技术。

《系统集成项目管理工程师教程》的"18.3.2　用于风险识别的方法"节中指出：风险识别方法包括德尔菲技术、头脑风暴法、SWOT 技术、检查表和图解技术。

德尔菲技术是众多专家就某一专题达成意见的一种方法。项目风险管理专家以匿名方式参与此项活动。主持人用问卷征询有关重要项目风险的见解，问卷的答案交回并汇总后，随即在专家中传阅，请他们进一步发表意见。此项过程进行若干轮之后，就不难得出关于主要项目风险的一致看法。德尔菲技术有助于减少数据中的偏倚，并防止任何个人对结果不适当地产生过大的影响。

参考答案

（47）D

试题（48）

　（48）　指通过考虑风险发生的概率及风险发生后对项目目标及其他因素的影响，对已识别风险的优先级进行评估。

（48）A．风险管理　　　　　　　B．定性风险分析

　　　　C．风险控制　　　　　　　D．风险应对计划编制

试题（48）分析

本题考查定性风险分析的定义。

《系统集成项目管理工程师教程》的"18.4　定性风险分析"节中指出：定性风险分析是指通过考虑风险发生的概率，风险发生后对项目目标及其他因素（即费用、进度、范围和质量风险承受度水平）的影响，对已识别风险的优先级进行评估。

参考答案

（48）B

试题（49）

风险定量分析是在不确定情况下进行决策的一种量化方法，该过程经常采用的技术有　（49）　。

（49）A．蒙特卡罗分析法 B．SWOT 分析法
C．检查表分析法 D．预测技术

试题（49）分析

本题考查定量风险分析的方法。

《系统集成项目管理工程师教程》的"18.5 定量风险分析"节中指出：风险定量分析是在不确定情况下进行决策的一种量化的方法。该项过程采用蒙特卡罗模拟与决策树分析等技术。

参考答案

（49）A

试题（50）

合同一旦签署了就具有法律约束力，除非___（50）___。

（50）A．一方不愿意履行义务 B．损害社会公共利益
C．一方宣布合同无效 D．一方由于某种原因破产

试题（50）分析

本题考查无效合同的条件。

《系统集成项目管理工程师教程》的"13.1.3 有效合同原则"节中指出：与有效合同对应，需要避免无效合同。无效合同通常需具备下列任一情形：（1）一方以欺诈、胁迫的手段订立合同。（2）恶意串通，损害国家、集体或者第三人利益。（3）以合法形式掩盖非法目的。（4）损害社会公共利益。（5）违反法律、行政法规的强制性规定。

参考答案

（50）B

试题（51）

项目合同管理不包括___（51）___。

（51）A．合同签订 B．合同履行
C．合同纠纷仲裁 D．合同档案管理

试题（51）分析

本题考查项目合同管理的内容。

《系统集成项目管理工程师教程》的"13.4.2 合同管理的主要内容"节指出：合同管理的主要内容包括合同签订管理、合同履行管理、合同变更管理和合同档案管理。

参考答案

（51）C

试题（52）

合同的内容就是当事人订立合同时的各项合同条款，下列不属于项目合同主要内容的是___（52）___。

（52）A．项目费用及支付方式 B．项目干系人管理

C．违约责任　　　　　　　D．当事人各自权力、义务

试题（52）分析

本题考查项目合同的内容。

《系统集成项目管理工程师教程》的"13.3.1　项目合同的内容"节中指出：合同的内容就是当事人订立合同时的各项合同条款。主要内容包括当事人各自权力、义务、项目费用及工程款的支付方式、项目变更和违约责任等。

参考答案

（52）B

试题（53）

承建单位有时为了获得项目可能将信息系统的作用过分夸大，使得建设单位对信息系统的预期过高。除此之外，建设单位对信息系统的期望可能会随着自己对系统的熟悉而提高。为避免此类情况的发生，在合同中清晰地规定 (53) 对双方都是有益的。

（53）A．保密约定　　B．售后服务　　C．验收标准　　D．验收时间

试题（53）分析

本题考查项目合同签订中的验收标准。

《系统集成项目管理工程师教程》的"13.3.2　项目合同签订的注意事项"节中指出：质量验收标准是一个关键指标。如果双方的验收标准不一致，就会在系统验收时产生纠纷。在某种情况下，承建单位为了获得项目，也可能将信息系统的功能过分夸大，使得建设单位对信息系统功能的预期过高。另外，建设单位对信息系统功能的预测可能会随着自己对系统的熟悉而提高标准。为避免此类情况的发生，清晰地规定质量验收标准对双方都是有益的。

参考答案

（53）C

试题（54）

为出售公司软件产品，张工为公司草拟了一份合同，其中写明"软件交付以后，买方应尽快安排付款"。经理看完后让张工重新修改，原因是 (54) 。

（54）A．没有使用国家或行业标准的合同形式

　　　B．用语含混不清，容易引起歧义

　　　C．名词术语使用错误

　　　D．措辞不够书面化

试题（54）分析

本题考查签订合同中的注意事项。

根据《系统集成项目管理工程师教程》的"13.3.3　合同签订与谈判"节指出的合同签订与谈判中的注意事项，本题明显属于"用语含混不清，容易引起歧义"。

参考答案

（54）B

试题（55）

下列关于索赔的描述中，错误的是 （55） 。

（55）A．索赔必须以合同为依据

B．索赔的性质属于经济惩罚行为

C．项目发生索赔事件后，合同双方可以通过协商方式解决

D．合同索赔是规范合同行为的一种约束力和保障措施

试题（55）分析

本题考查索赔处理。

《系统集成项目管理工程师教程》的"13.5　项目合同索赔处理"节指出：索赔以合同为依据；索赔的性质属于经济补偿行为，而不是惩罚；索赔在一般情况下都可以通过协商方式友好解决。

参考答案

（55）B

试题（56）

对以下箭线图，理解正确的是 （56）。

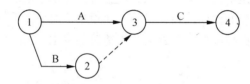

（56）A．活动 A 和 B 可以同时进行；只有活动 A 和 B 都完成后，活动 C 才开始

B．活动 A 先于活动 B 进行；只有活动 A 和 B 都完成后，活动 C 才开始

C．活动 A 和 B 可以同时进行；A 完成后 C 即可开始

D．活动 A 先于活动 B 进行；A 完成后 C 即可开始

试题（56）分析

本题考查对箭线图的理解。

《系统集成项目管理工程师教程》的"8.3.2　活动排序所采取的主要方法和技术"节中指出：箭线图法是用箭线表示活动、节点表示事件的一种网络图绘制方法，它有 3 个基本原则：（1）网络图中每个事件必须有唯一的代号。（2）任两项活动的紧前事件和紧随事件代号至少有一个不相同，节点代号沿箭线方向越来越大。（3）流入（流出）同一节点的活动，均有共同的后继活动（或前序活动）。

为了绘图的方便，人们引入了一种额外的、特殊的活动，叫做虚活动。它不消耗时间，在网络图中由一个虚箭线表示，如下图示。

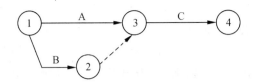

注：活动 A 和 B 可以同时进行；只有活动 A 和 B 都完成后，活动 C 才能开始。

参考答案

（56）A

试题（57）

　　（57）　是正式批准一个项目的文档，或者是批准现行项目是否进入下一阶段的文档。

（57）A．项目章程　　　　　　B．项目合同

　　　　C．项目启动文档　　　　D．项目工作说明书

试题（57）分析

本题考查项目的整体管理中对项目章程的理解。

《系统集成项目管理工程师教程》的"6.2.1　项目章程的作用和内容"节中指出：项目章程是正式批准的一个项目的文档，或者是批准现行项目是否进入下一阶段的文档。

参考答案

（57）A

试题（58）

　　经项目各有关干系人同意的　（58）　就是项目的基准，为项目的执行、监控和变更提供了基础。

（58）A．项目合同书　　　　　B．项目管理计划

　　　　C．项目章程　　　　　　D．项目范围说明书

试题（58）分析

《系统集成项目管理工程师教程》的"6.4.1　项目管理计划的含义、作用和内容"节中指出：经项目各有关干系人同意的项目管理计划就是项目的基准，为项目的执行、监控和变更提供了基础。

参考答案

（58）B

试题（59）

　　某软件项目已经到了测试阶段，但是由于用户订购的硬件设备没有到货而不能实施测试。这种测试活动与硬件之间的依赖关系属于　（59）　。

（59）A．强制性依赖关系　　　B．直接依赖关系

　　　　C．内部依赖关系　　　　D．外部依赖关系

试题（59）分析

本题考查外部依赖关系的范畴。

《系统集成项目管理工程师教程》的"8.3.2 活动排序所采取的主要方法和技术"节中关于确定依赖关系中的外部依赖关系中指出：项目管理团队在确定活动先后顺序的过程中，要明确哪些依赖关系属于外部依赖关系。外部依赖关系涉及项目活动和非项目活动之间关系的依赖关系。例如，软件项目测试活动的进度可能取决于来自外部的硬件是否到货；施工项目的场地是否平整，可能要在环境听证会后才能动工。活动排序的这种依据可能要依靠以前性质类似的项目历史信息，或者合同和建议。

参考答案

（59）D

试题（60）

项目经理小王事后得知项目团队的一个成员已做了一个纠正措施，但是没有记录，小王接下来应该 （60） 。

（60）A．就该情况通知该成员的部门经理

B．撤销纠正措施

C．将该纠正行为记录文档

D．询问实施该纠正措施的理由

试题（60）分析

本题考查项目执行的管理。

《系统集成项目管理工程师教程》的"6.6 监督和控制项目"节指出："建议的纠正措施"在执行之前，应评估对其他方面的影响。所以项目经理需要了解这个纠正措施的内容，然后评估后决定该纠正措施是否可以执行。

参考答案

（60）D

试题（61）

在采购中，潜在卖方的报价建议书是根据买方的 （61） 制定的。

（61）A．采购文件 B．评估标准 C．工作说明书 D．招标通知

试题（61）分析

《系统集成项目管理工程师教程》中指出："建议书应按照相应的采购文件的要求拟定，并可反映相关的合同原则"。

参考答案

（61）A

试题（62）

在对某项目采购供应商的评价中，评价项有技术能力、管理水平、企业资质等，假定满分为 10 分，技术能力权重为 20%，3 个评定人的技术能力打分分别为 7 分，8 分，

9 分，那么该供应商的"技术能力"的单项综合分为　__(62)__。

(62) A. 24　　　　　　　B. 8　　　　　　　C. 4.8　　　　　　　D. 1.6

试题（62）分析

本题考查在对供应商的评价中的评分方法。

《系统集成项目管理工程师教程》的"14.5.7　供方选择"节中介绍了评分方法：先取平均分再乘以权重，即 [(7+8+9)/3]×20%=1.6。

参考答案

（62）D

试题（63）

变更常常是项目干系人由于项目环境或者是其他各种原因要求对项目的范围基准等进行修改。如某项目由于行业标准变化导致变更，这属于　__(63)__。

(63) A. 项目实施组织本身发生变化

　　　B. 客户对项目、项目产品或服务的要求发生变化

　　　C. 项目外部环境发生变化

　　　D. 项目范围的计划编制不周密详细

试题（63）分析

本题考查项目变更产生的原因。

《系统集成项目管理工程师教程》的"7.6　范围控制"节中介绍了变更产生的原因：

（1）项目外部环境发生变化；

（2）项目范围的计划编制不周密详细，有一定的错误或遗漏；

（3）市场上出现了或是设计人员提出了新技术、新手段或新方案；

（4）项目实施组织本身发生变化；

（5）客户对项目、项目产品或服务的要求发生变化。

本题中的情况显然属于项目的外部环境发生了变化。

参考答案

（63）C

试题（64）

整体变更控制过程实际上是对　__(64)__　的变更进行标识、文档化、批准或拒绝，并控制的过程。

(64) A. 详细的 WBS 计划　　　　　　B. 项目基准

　　　C. 项目预算　　　　　　　　　D. 明确的项目组织结构

试题（64）分析

本题考查项目变更控制。

《系统集成项目管理工程师教程》的"6.7　整体变更控制"节指出：项目变更就是对被批准的项目管理计划的变更，而被批准的项目管理计划就是项目基准。

参考答案

（64）B

试题（65）

项目变更贯穿于整个项目过程的始终，项目经理应让项目干系人（特别是业主）认识到 　（65）　。

（65）A．在项目策划阶段，变更成本较高

　　　B．在项目执行阶段，变更成本较低

　　　C．在项目编码开始前，变更成本较低

　　　D．在项目策划阶段，变更成本较低

试题（65）分析

本题考查项目变更与项目成本的关系。

根据软件工程的知识，变更越早，成本越低。

参考答案

（65）D

试题（66）

项目规模小并且与其他项目的关联度小时，变更的提出与处理过程可在操作上力求简便和高效。关于小项目变更，不正确的说法是 　（66）　。

（66）A．对变更产生的因素施加影响以防止不必要的变更并减少无谓的评估

　　　B．应明确变更的组织与分工合作

　　　C．变更流程也要规范化

　　　D．对变更的申请和确认，既可以是书面的也可以是口头的，以简化程序

试题（66）分析

本题考查小项目变更工作内容。

《系统集成项目管理工程师教程》的"16.4　项目变更管理的工作内容"节中指出：项目规模小并且与其他项目的关联度小时，变更的提出与处理过程可在操作上力求简便和高效，但仍应注意以下几点：（1）对变更产生的因素施加影响，以防止不必要的变更，减少无谓的评估，提高必要变更的通过效率。（2）对变更的确认应当正式化。（3）变更的操作过程应当规范化。

参考答案

（66）D

试题（67）

为保证项目的质量，要对项目进行质量管理，项目质量管理过程的第一步是 　（67）　。

（67）A．制定项目质量计划　　　　　　B．确立质量标准体系

　　　C．对项目实施质量监控　　　　　D．将实际与标准对照

试题（67）分析

本题考查项目管理的流程。

《系统集成项目管理工程师教程》的"10.1.3 质量管理主要活动和流程"节中指出：整个项目的质量管理过程可以分解为以下 4 个环节：（1）确定质量标准体系；（2）对项目实施进行质量监控；（3）将实际与标准对照；（4）纠偏纠错。

参考答案

（67）B

试题（68）

在制定项目质量计划时对实现既定目标的过程加以全面分析，估计到各种可能出现的障碍及结果，设想并制定相应的应变措施和应变计划，保持计划的灵活性。这种方法属于　（68）　。

（68）A. 流程图法　　　　　　　　　　B. 实验设计法

　　　 C. 质量功能展开　　　　　　　　D. 过程决策程序图法

试题（68）分析

本题考查过程决策程序图的知识。

《系统集成项目管理工程师教程》的"10.2.2 制定项目质量计划所采用的主要方法、技术工具"节中指出：制定项目质量管理计划一般采取效益/成本分析、基准比较、流程图、实验设计、质量成本分析等方法和技术。此外，还可以采用质量功能展开、过程决策程序图法等工具。工程决策程序图法的主要思想是在制定计划时对实现既定目标的过程加以全面分析，估计到各种可能出现的障碍及结果，设想并制定相应的应变措施和应变计划，保持计划的灵活性；在计划执行过程中，当出现不利情况时，就采取原先设计的措施，随时修正方案，从而使计划仍能有条不紊地进行，以达到预定的目标；当出现了没有预计到的情况时随机应变，采取灵活的对策予以解决。

参考答案

（68）D

试题（69）

质量管理六西格玛标准的优越之处不包括　（69）　。

（69）A. 从结果中检验控制质量　　　　B. 减少了检控质量的步骤

　　　 C. 培养了员工的质量意识　　　　D. 减少了由于质量问题带来的返工成本

试题（69）分析

本题考查六西格玛的优越之处。

《系统集成项目管理工程师教程》的"10.1.4 国际质量标准"节中指出：六西格玛的优越之处在于从项目实施过程中改进和保证质量，而不是从结果中检验控制质量。这样做不仅减少了检控质量的步骤，而且避免了由此带来的返工成本。更为重要的是，六西格玛管理培养了员工的质量意识，并且把这种质量意识融入企业文化中。

参考答案

（69）A

试题（70）

在项目质量监控过程中，在完成每个模块编码工作之后就要做的必要测试，称为__（70）__。

（70）A．单元测试　　　　B．综合测试　　　C．集成测试　　　D．系统测试

试题（70）分析

本题考查单元测试的概念。

《系统集成项目管理工程师教程》的"10.4.2　项目质量控制的方法、技术工具"节中关于测试部分指出：软件测试在软件生存期横跨两个阶段，通常在编写出每一个模块之后就对它做必要的测试（称为单元测试）。编码和单元测试属于软件生存期中的同一个阶段。在结束这个阶段后，对软件系统还要进行各种综合测试，这是软件生存期的另一个独立阶段，即测试阶段。

参考答案

（70）A

试题（71）

Risk management allows the project manager and the project team not to__（71）__.

（71）A．eliminate most risks during the planning phase of the project

　　　B．identify project risks

　　　C．identify impacts of various risks

　　　D．plan suitable responses

试题（71）分析

下面不属于风险管理中项目经理和项目团队职责的是__（71）__。

　　　A．排除大部分项目执行中的风险　　　B．风险识别

　　　C．风险分析　　　　　　　　　　　　D．妥善处理

参考答案

（71）A

试题（72）

The project life-cycle can be described as__（72）__.

（72）A．project concept, project planning, project execution, and project close-out

　　　B．project planning, work authorization, and project reporting

　　　C．project planning, project control, project definition, WBS development, and project termination

　　　D．project concept, project execution, and project reporting

试题（72）分析

关于项目周期划分正确的是　(72)　。

A．启动、计划、执行、收尾

B．计划、授权、报告

C．计划、控制、方案设计、WBS 的发展、终止

D．启动、执行、报告

参考答案

（72）A

试题（73）

　(73)　is a method used in Critical Path Methodology for constructing a project schedule network diagram that uses boxes or rectangles, referred to as nodes, to represent activities and connects them with arrows that show the logical relationships that exist between them.

（73）A．PERT　　　　B．AOA　　　　C．WBS　　　　D．PDM

试题（73）分析

　(73)　用于关键路径法，是用于编制项目进度网络图的一种方法，它使用方框或者长方形（被称作节点）代表活动，它们之间用箭头连接，显示彼此之间存在的逻辑关系。

A．PERT　　　　B．AOA　　　　C．WBS　　　　D．PDM

参考答案

（73）D

试题（74）

Schedule development can require the review and revision of duration estimates and resource estimates to create an approved　(74)　that can serve as a baseline to track progress.

（74）A．scope statement　　　　　　B．Activity list

　　　C．project charter　　　　　　　D．Project schedule

试题（74）分析

计划进展需要对持续时间和资源的评估和修改创建一个被核准的　(74)　，它可以作为基线，有助于跟踪进展。

A．范围说明　　　B．活动列表　　　C．项目章程　　　D．项目计划

参考答案

（74）D

试题（75）

The Development of Project Management Plan Process includes the actions necessary to define, prepare, integrate, and coordinate all constituent plans into a　(75)

（75）A．Project Scope Statement　　　　　B．Project Management Plan

　　　　C．Forecasts　　　　　　　　　　　D．Project Charter

试题（75）分析

　　项目管理的过程开发计划，包括采取必要的定义，准备，集成和协调所有组成计划到__（75）__。

　　　　A．项目范围说明书　　　　　　　　B．项目管理计划

　　　　C．项目预测　　　　　　　　　　　D．项目章程

参考答案

　　（75）B

第4章 2009下半年系统集成项目管理工程师 下午试题分析与解答

试题一（15分）

阅读下列说明，针对项目的合同管理，回答问题1至问题3，将解答填入答题纸的对应栏内。

【说明】

系统集成公司A于2009年1月中标某市政府B部门的信息系统集成项目。经过合同谈判，双方签订了建设合同，合同总金额1150万元，建设内容包括搭建政府办公网络平台，改造中心机房，并采购所需的软硬件设备。

A公司为了把项目做好，将中心机房的电力改造工程分包给专业施工单位C公司，并与其签订分包合同。

在项目实施了2个星期后，由于政府B部门为了更好满足业务需求，决定将一个机房分拆为两个，因此需要增加部分网络交换设备。B参照原合同，委托A公司采购相同型号的网络交换设备，金额为127万元，双方签订了补充协议。

在机房电力改造施工过程中，由于C公司工作人员的失误，造成部分电力设备损毁，导致政府B部门两天无法正常办公，严重损害了政府B部门的社会形象，因此B部门就此施工事故向A公司提出索赔。

【问题1】

请指出A公司与政府B部门签订的补充协议有何不妥之处，并说明理由。

【问题2】

请简要叙述合同的索赔流程。

【问题3】

请简要说明针对政府B部门向A公司提出的索赔，A公司应如何处理。

试题一分析

本题的核心考查点是项目合同索赔处理问题，属于工程建设项目中常见的一项合同管理的内容，同时也是规范合同行为的一种约束力和保障措施。

【问题1】

要求考生分析A公司与政府B部门签订的补充协议有何不妥之处，其实是在考查考生是否具有政府采购相关经验，是否熟悉政府采购法相关条款。从试题说明中考生应能发现，项目甲方是政府部门，那么通常要走政府采购流程。而在政府采购法中，对补充合同的金额是有明确规定的，那就是不能超过原合同金额的10%。进一步分析试题说明，对比原合同金额和补充合同金额，这个问题的答案也就出来了。

【问题2】

考查考生对合同索赔处理流程的掌握程度。依据《系统集成项目管理工程师教程》第13章13.5节的相关内容，稍作提炼总结，即可正确解答本题。

【问题3】

是对问题2的进一步深化，考查考生应用理论知识分析、解决具体问题的能力。考生应结合案例实际，阐述索赔处理的具体流程。在这里考生要注意两点：首先是要从A公司的角度考虑赔偿政府B部门损失的问题；其次要从A公司的角度考虑向引发损失的C公司进行索赔的问题。很多考生会忽略第二点情况。

参考答案

【问题1】

不妥之处为补充协议的合同金额超过了原合同总金额的10%。

根据《中华人民共和国政府采购法》，政府采购合同履行中，采购人需追加与合同标的相同的货物、工程或者服务的，在不改变合同其他条款的前提下，可以与供应商协商签订补充合同，但所有补充合同的采购金额不得超过原合同采购金额的10%。

【问题2】

（1）提出索赔要求；

（2）提交索赔资料；

（3）索赔答复；

（4）索赔认可；

（5）提交索赔报告。

或：（4）索赔分歧；

（5）提请仲裁，或者提起诉讼。

【问题3】

A公司在接到政府B部门的索赔要求及索赔材料后，应根据A公司与政府B部门签订的合同，进行认真分析和评估，给出索赔答复。

在双方对索赔认可达成一致的基础上，向政府B部门进行赔付；如双方不能协商一致，按照合同约定进行仲裁或诉讼。

同时A公司依据与C公司签订的合同，向C公司提出索赔要求。

试题二（15分）

阅读下列说明，针对项目的范围管理，回答问题1至问题3，将解答填入答题纸的对应栏内。

【说明】

C公司是一家从事电子商务的外国公司，为了在中国开展业务，派出S主管和W翻译来中国寻找合适的系统集成商，试图在中国建设一套业务系统。S主管精通软件开发，但是不懂汉语，而 W 翻译对计算机相关技术知之甚少。

W 翻译通过中国朋友介绍，找到了从事系统集成的 H 公司。H 公司指派杨工为该业务系统建设项目经理，与 C 公司进行交流。经过需求调研，杨工认为，C 公司要建设一个视频聊天网站，并据此完成了系统方案。在 W 的翻译下，S 审阅并认可了 H 公司的系统方案。经过进一步的谈判，C 公司和 H 公司签订了合同，并把该系统方案作为合同附件，作为将来项目验收的标准。

合同签订后，杨工迅速组织人力投入系统开发。由于杨工系统集成经验丰富，开发过程进展顺利，对项目如期完工很有把握。系统开发期间，S 主管和 W 翻译忙于在全国各地开拓市场，与 H 公司没有再进行接触。

就在系统开发行将结束之际，S 主管和 W 翻译来到 H 公司查看开发进度。当看到杨工演示的即将完工的业务系统时，S 主管却表示，视频聊天只是系统的一个基本功能，系统的核心功能则是通过视频聊天实现网上交易的电子商务活动，要求 H 公司完善系统功能并如期交付。杨工拿出系统方案作为证据，据理力争。

W 翻译承认此前他的工作有误，导致双方对项目范围的认识产生了偏差，并说服 S 主管将交付日期延后 2 个月。为了完成合同，杨工同意对系统功能进行扩充完善，并重新修订了系统方案。但是，此后 C 公司又多次提出范围变更要求。杨工发现，不断修订的系统方案已经严重偏离了原始方案，系统如期交付已经是不可能的任务了。

【问题 1】

请结合案例简要说明，详细的项目范围说明书应包含哪些内容，并指出 C 公司和 H 公司对哪些方面的理解出现了重大偏差。

【问题 2】

请指出 S 主管的要求是否恰当？为什么？并请结合本案例简要分析导致 C 公司多次提出范围变更的可能原因。

【问题 3】

作为项目管理者，杨工此时应关注的范围变更控制的要点有哪些？

试题二分析

本题的核心考查点是项目范围管理问题，涉及范围定义和范围控制，前者属于计划过程，而后者属于监控过程。在实践中，这些过程以各种形式重叠和相互影响。

【问题 1】

考查的理论点是详细的项目范围说明书应包含的内容，考生可参考《系统集成项目管理工程师教程》的第 7 章 7.3 节中的相关内容进行解答。本题同时对考生具体问题具体分析的能力进行了考查，如果考生对项目范围说明书的具体内容不清楚，那么就无法进一步作答。根据试题说明，杨工认为要开发的是一个视频聊天网站，S 主管则要求开发一个基于视频聊天的电子商务网站，那么首先就是项目目标不一致；进一步分析，视频聊天功能到底是项目目标的全部还是一部分，引发了项目双方第二个严重分歧，就是产品范围描述；而上述理解上的严重偏差将直接影响项目双方对项目可交付物的理解，这是第三个双方理解存在严重偏差的地方。

【问题 2】

考查考生对范围变更的理解和控制能力。对于 S 主管一再要求变更项目范围的情况，考生首先应当从案例的实际情况出发，明确自己的观点：H 公司是按照双方签订的合同以及经过 S 主管认可的、作为合同附件的系统方案进行开发，自身并无过错；而 S 主管一再要求进行范围变更，是不合理的。然后考生再进一步分析 C 公司多次提出范围变更的主要原因：第一，沟通问题，W 翻译的工作失误导致项目双方沟通不到位；第二，沟通不畅导致 H 公司没有正确理解 C 公司的真实需求；第三，项目范围计划制定的不够周密详细，导致 C 公司发现项目目标与 H 公司的理解出现严重偏差已经是在项目后期了。需要考生注意的是，不能简单地认为，既然 H 公司按照 S 主管的要求修改了系统方案，那就说明 S 主管的要求是合理的。不少考生犯了这种想当然的错误。

【问题 3】

进一步考查考生对项目范围变更的控制能力。作为一个项目管理者，杨工在进行项目范围变更控制时，需要关心的焦点问题就是范围变更是不是已经发生，双方对范围变更的理解是否一致，并及时对已经实际发生的范围变更进行管理。

参考答案

【问题 1】

（1）详细的项目范围说明书应包含项目的目标、产品范围描述、项目的可交付物、项目边界、产品验收标准、项目的约束条件、项目的假定。

（2）双方对项目目标、产品范围描述和项目可交付物的理解出现重大偏差。

【问题 2】

（1）S 主管的要求不恰当，因为双方已签订了合同，H 公司按照合同进行开发，并无不妥。

（2）C 公司多次提出范围变更的可能原因：

① 甲方对项目、项目产品或服务的要求发生变化；

② 乙方没有正确理解甲方的需求；

③ 项目范围计划的编制不周密详细，有一定的错误或遗漏；

④ 双方沟通存在问题；

⑤ 市场上出现了或是设计人员提出了新技术、新手段或新方案；

⑥ 项目外部环境发生变化。

【问题 3】

（1）确定范围变更是否已经发生；

（2）对造成范围变更的因素施加影响，以确保这些变更得到一致的认可；

（3）当范围变更发生时，对实际的变更进行管理。

试题三（15 分）

阅读下列说明，回答问题 1 至问题 3，将解答填入答题纸的对应栏内。

【说明】

F 公司成功中标 S 市的电子政务工程。F 公司的项目经理李工组织相关人员对该项目的工作进行了分解，并参考以前曾经成功实施的 W 市电子政务工程项目，估算该项目的工作量为 120 人月，计划工期为 6 个月。项目开始不久，为便于应对突发事件，经业主与 F 公司协商，同意该电子政务工程必须在当年年底之前完成，而且还要保质保量。这意味着，项目工期要缩短为 4 个月，而项目工作量不变。

李工按照 4 个月的工期重新制定了项目计划，向公司申请尽量多增派开发人员，并要求所有的开发人员加班加点工作以便向前赶进度。由于公司有多个项目并行实施，给李工增派的开发人员都是刚招进公司的新人。为节省时间，李工还决定项目组取消每日例会，改为每周例会。同时，李工还允许需求调研和方案设计部分重叠进行，允许需求未经确认即可进行方案设计。

最后，该项目不但没能 4 个月完成，反而一再延期，迟迟不能交付。最终导致 S 市政府严重不满，项目组人员也多有抱怨。

【问题 1】

请简要分析该项目一再拖期的主要原因。

【问题 2】

请简要说明项目进度控制可以采用的技术和工具。

【问题 3】

请简要说明李工可以提出哪些措施以有效缩短项目工期。

试题三分析

本题的核心考查点是项目进度管理问题，准确地说，是项目进度控制问题。项目进度控制要依据项目进度基准计划对项目的实际进度进行监控，使项目能够按时完成。项目进度监控贯穿于项目的始终。

【问题 1】

要求考生分析项目出现一再拖期问题的主要原因。这个问题对于系统集成项目管理经验丰富的考生来说，只要从试题的说明中去寻找线索，就可以得到答案。可以关注的线索包括："参考以前曾经成功实施的 W 市电子政务工程项目"，说明参考的项目可能缺乏可比性导致工作量评估不准确；"要求所有的开发人员加班加点工作以便向前赶进度"，可能会导致开发人员因疲劳而降低工作效率；"增派的开发人员都是刚招进公司的新人"，对新人的培训以及新人开发经验不足都可能导致项目出现不可预期的问题；"允许需求未经确认即可进行方案设计"，一旦用户需求发生变化，必定会导致项目返工，等等。类似的线索很多，只要考生能结合案例分析线索并给出自己的观点就能够得分。

【问题 2】

考查的理论点是用于项目进度控制的技术和工具。项目进度控制是一个监控项目状态以便采取相应措施以及管理进度变更的过程。考生可参考《系统集成项目管理工程师教程》的第 8 章 8.7 节中的相关内容进行解答。

【问题 3】

考查的是可以缩短项目工期的有效措施。对项目进度实施有效监控的关键是监控项目的实际进度，及时、定期地将它与计划进度进行比较，并立即采取必要的纠正措施。当项目的实际进度落后于计划进度时，首先要能够及时发现问题，然后再分析问题根源并找出妥善的解决办法。从这个角度来说，问题 3 是对问题 1 的进一步深化。考生可以根据对问题 1 的分析解答"对症下药"，给出对问题 3 的解答。考生也可以参考《系统集成项目管理工程师教程》的第 8 章 8.7 节中的相关内容从理论上加以阐述和解答。

参考答案

【问题 1】

（1）原来估计的 120 人月的工作量可能不准确；

（2）简单地增加人力资源不一定能如期缩短工期，而且人员的增加意味着更多的沟通成本和管理成本，使得项目赶工的难度增大；

（3）增派的人员各方面经验不足；

（4）项目组的沟通存在问题，每周例会不能使问题及时暴露和解决，可能会导致更严重的问题出现；

（5）需求没经确认即开始方案设计，一旦客户需求变化，将导致项目返工；

（6）连续的加班工作使开发人员心理压力增大，工作效率降低，可能导致开发过程出现问题较多。

【问题 2】

（1）进度报告；

（2）进度变更控制系统；

（3）绩效衡量；

（4）项目管理软件；

（5）偏差分析；

（6）进度比较横道图；

（7）资源平衡；

（8）假设条件情景分析；

（9）进度压缩；

（10）制定进度的工具。

【问题 3】

（1）与客户沟通，在不影响项目主要功能的前提下，适当缩减项目范围（或项目分期，或适当降低项目性能指标）；

（2）投入更多的资源以加速活动进程；

（3）申请指派经验更丰富的人去完成或帮助完成项目工作；

（4）通过改进方法或技术提高生产效率。

试题四（15分）

阅读下列说明，针对项目的成本管理，回答问题1至问题2，将解答填入答题纸的对应栏内。

【说明】

某信息系统开发项目由系统集成商A公司承建，工期1年，项目总预算20万元。目前项目实施已进行到第8个月末。在项目例会上，项目经理就当前的项目进展情况进行了分析和汇报。截止第8个月末项目执行情况分析表如下：

序 号	活 动	计划成本值/元	实际成本值/元	完成百分比
1	项目启动	2000	2100	100%
2	可行性研究	5000	4500	100%
3	需求调研与分析	10000	12000	100%
4	设计选型	75000	86000	90%
5	集成实施	65000	60000	70%
6	测试	20000	15000	35%

【问题1】

请计算截止到第8个月末该项目的成本偏差（CV）、进度偏差（SV）、成本执行指数（CPI）和进度执行指数（SPI），判断项目当前在成本和进度方面的执行情况。

【问题2】

请简要叙述成本控制的主要工作内容。

试题四分析

本题的核心考查点是项目成本管理问题，准确地说，是项目成本控制问题。项目管理受范围、时间、成本和质量的约束，其中，项目成本管理要确保在批准的预算内完成项目，在项目管理中占有重要地位。虽然项目成本管理主要关心的是完成项目活动所需资源的成本，但是也必须考虑项目决策对项目产品、服务或成果的使用成本、维护成本和支持成本的影响。

【问题1】

要求考生熟悉和掌握成本偏差（CV）、进度偏差（SV）、成本执行指数（CPI）和进度执行指数（SPI）等指标的含义及其计算公式，而这些指标又与计划值（PV）、挣值（EV）和实际成本（AC）等指标密切相关。

PV是到既定的时间点前计划完成活动的预算成本。

EV是在既定的时间段内实际完工工作的预算成本。

AC 是在既定的时间段内实际完成工作发生的实际总成本。

AC 在定义和内容范围方面必须与 PV、EV 相对应。综合使用 PV、EV、AC 能够衡量在某一给定时间点是否按原计划完成了工作，最常用的指标就是 CV、SV、CPI 和 SPI。

CV=EV–AC

SV=EV–PV

成本执行指数=EV/AC

进度执行指数=EV/PV

在试题说明给出的第 8 个月末项目执行情况分析表中，"计划成本值"列之和是 PV，"实际成本值"列之和是 AC，"计划成本值"列与"完成百分比"列对应单元格乘积之和是 EV。套用上述计算公式，即可计算出所要求的各项衡量指标，并可根据 CPI 和 SPI 的值进一步判断项目执行情况。

若 CPI＜1，则表示实际成本超出预算；若 CPI＞1，则表示实际成本低于预算。

若 SPI＜1，则表示实际进度落后于计划进度；若 SPI＞1，则表示实际进度提前于计划进度。

【问题 2】

考查的理论点是项目成本控制的主要内容。作为整体变更控制的一部分，项目成本控制有助于及时查明项目在成本和进度方面出现正、负偏差的原因，并及时采取适当的应对措施，以免造成质量或进度问题，可能导致项目后期产生无法接受的巨大风险。考生可参考《系统集成项目管理工程师教程》的第 9 章 9.5 节中的相关内容进行解答。

参考答案

【问题 1】

PV=（2000+5000+10 000+75 000+65 000+20 000）元=177 000 元

AC=（2100+4500+12 000+86 000+60 000+15 000）元=179 600 元

EV=（ 2000×100%+5000×100%+10 000×100%+75 000×90%+65 000×70%+20 000×35%）元=137 000 元

CV=EV–AC=（137 000–179 6000）元=–42 600 元

SV=EV–PV=（137 000–177 000）元=–40 000 元

CPI=EV/AC=（137 000/179 600）元=0.76

SPI=EV/PV=（137 000/177 000）元=0.77

项目当前执行情况：成本超支，进度滞后。

【问题 2】

（1）对造成成本基准变更的因素施加影响；

（2）确保变更请求获得同意；

（3）当变更发生时，管理这些实际的变更；

（4）保证潜在的成本超支不超过授权的项目阶段资金和总体资金；

（5）监督成本执行，找出与成本基准的偏差；

（6）准确记录所有与成本基准的偏差；

（7）防止错误的、不恰当的或未获批准的变更纳入成本或资源使用报告中；

（8）就审定的变更，通知项目干系人；

（9）采取措施，将预期的成本超支控制在可接受的范围内。

试题五（15 分）

阅读下列说明，针对项目的质量管理，回答问题 1 至问题 3，将解答填入答题纸的对应栏内。

【说明】

系统集成 A 公司承担了某企业的业务管理系统的开发建设工作，A 公司任命张工为项目经理。

张工在担任此新项目的项目经理同时，所负责的原项目尚处在收尾阶段。张工在进行了认真分析后，认为新项目刚刚开始，处于需求分析阶段，而原项目尚有某些重要工作需要完成，因此张工将新项目需求分析阶段的质量控制工作全权委托给了软件质量保证（SQA）人员李工。李工制定了本项目的质量计划，包括收集资料、编制分质量计划、并通过相应的工具和技术，形成了项目质量计划书，并按照质量计划书开展相关需求调研和分析阶段的质量控制工作。

在需求评审时，由于需求规格说明书不能完全覆盖该企业的业务需求，且部分需求理解与实际存在较大偏差，导致需求评审没有通过。

【问题 1】

请指出 A 公司在项目管理过程中的不妥之处。

【问题 2】

请简述项目质量控制过程的基本步骤。

【问题 3】

请简述制定项目质量计划可采用的方法、技术和工具。

试题五分析

本题的核心考查点是项目质量管理问题。项目质量管理包括确保项目满足其各项要求所需的过程，以及担负全面管理职责的各项活动：确定质量方针、目标和责任，并通过质量策划、质量保证、质量控制和质量改进等手段在质量体系内实施质量管理。

【问题 1】

要求分析 A 公司在项目管理过程中的不妥做法，主要还是着眼于考查考生的项目管理经验。考生应从试题说明的细节入手加以分析，并结合个人经验观点加以阐述。如 A 公司任命张工为项目经理，但是张工手头上还有未结束的项目，这势必会牵扯张工的精力；张工为了从新项目中脱身，指派李工负责项目前期的工作，而李工只是个软件质量保证人员，缺乏项目管理经验；李工编写了一系列的项目质量管理文档，却从未交付相关各方加以审批确认，最终导致需求评审未获通过。

【问题 2】

　　考查的理论点是项目质量控制过程。项目质量控制过程就是确保项目质量计划和目标得以圆满实现的过程，具体来说，就是项目团队的管理人员采取有效措施，监督项目的具体实施结果，判断其是否符合项目有关的质量标准，并确定消除产生不良结果原因的途径。考生可参考《系统集成项目管理工程师教程》的第 10 章 10.4 节中的相关内容进行解答。

【问题 3】

　　考查的理论点是制定项目质量计划的方法、技术和工具。制定项目质量计划是识别和确定必要的作业过程、配置所需的人力和物力资源，以确保达到预期质量目标所进行的周密考虑和统筹安排的过程。制定项目质量计划是保证项目成功的过程之一。考生可参考《系统集成项目管理工程师教程》的第 10 章 10.2 节中的相关内容进行解答。

参考答案

【问题 1】

　　（1）用人不当，负责项目整体质量控制的李工缺乏项目整体管理的经验；

　　（2）在质量控制过程中，缺少相关方的审批环节。

【问题 2】

　　（1）选择控制对象；

　　（2）为控制对象确定标准或目标；

　　（3）制定实施计划，确定保证措施；

　　（4）按计划执行；

　　（5）对项目实施情况进行跟踪监测、检查，并将监测的结果与计划或标准相比较；

　　（6）发现并分析偏差；

　　（7）根据偏差采取相应对策。

【问题 3】

　　（1）效益/成本分析；

　　（2）基准比较；

　　（3）流程图；

　　（4）实验设计；

　　（5）质量成本分析；

　　（6）质量功能展开；

　　（7）过程决策程序图法。

第 5 章　2010 上半年系统集成项目管理工程师上午试题分析与解答

试题（1）

以下对信息系统集成的描述正确的是 (1)。

（1）A. 信息系统集成的根本出发点是实现各个分立子系统的整合

B. 信息系统集成的最终交付物是若干分立的产品

C. 信息系统集成的核心是软件

D. 先进技术是信息系统集成项目成功实施的保障

试题（1）分析

信息系统集成是近年来国际信息服务业中发展势头最猛的服务方式和行业之一。系统集成是指将计算机软件、硬件、网络通信等技术和产品集成为能够满足用户特定需求的信息系统，包括策划、设计、开发、实施、服务及保障。

信息系统集成有以下几个显著特点：

① 信息系统集成要以满足用户需求为根本出发点。

② 信息系统集成不只是设备选择和供应，更重要的它是具有高技术含量的工程过程，要面向用户需求提供全面解决方案，其核心是软件。

③ 系统集成的最终交付物是一个完整的系统而不是一个分立的产品。

④ 系统集成包括技术、管理和商务等各项工作，是一项综合性的系统工程，技术是系统集成工作的核心，管理和商务活动是项目成功实施的保障。

可见，"信息系统集成的核心是软件"这一叙述是正确的，其他选项的叙述均不正确，故应选择 C。

参考答案

（1）C

试题（2）

有四家系统集成企业计划于 2010 年 5 月申请计算机信息系统集成资质，其中：

甲公司计划申请一级资质，注册资本 3000 万元，具有项目经理 20 名，高级项目经理 8 名，2010 年 1 月通过 ISO 9001 质量管理体系认证；

乙公司计划申请一级资质，注册资本 2000 万元，具有项目经理 20 名，高级项目经理 8 名，2009 年 4 月通过 ISO 9001 质量管理体系认证；

丙公司计划申请四级资质，注册资本 500 万元，具有项目经理 5 名，高级项目经理 1 名，2010 年 2 月通过 ISO 9001 质量管理体系认证；

丁公司计划申请四级资质，注册资本 500 万元，具有项目经理 5 名，高级项目经理

1 名，没有通过 ISO 9001 质量管理体系认证。

根据上述状况，公司 (2) 不符合基本的申报条件。

(2) A. 甲　　　　　　B. 乙　　　　　　C. 丙　　　　　　D. 丁

试题（2）分析

信息产业部于 2000 年 9 月发布《关于发布计算机信息系统集成资质等级评定条件的通知》（信部规【2000】821 号文），于 2003 年 10 月颁布了《关于发布计算机信息系统集成资质等级评定条件（修订版）的通知》（信部规【2003】440 号文）。系统集成资质等级评定条件主从综合条件、业绩、管理能力、技术实力、人才实力 5 个方面描述的。根据（信部规【2003】440 号文），申请各级资质时在企业注册资本、项目经理和管理体系方面分别要满足的条件为：

一级资质：企业产权关系明确，注册资金 2000 万元以上，已建立完备的企业质量管理体系，通过国家认可的第三方认证机构认证并有效运行一年以上，具有计算机信息系统集成项目经理人数不于 25 名，其中高级项目经理人数不少于 8 名。

二级资质：企业产权关系明确，注册资金 1000 万元以上，已建立完备的企业质量管理体系，通过认证并有效运行一年以上，具有计算机信息系统集成项目经理人数不少于 15 名，其中高级项目经理人数不少于 3 名。

三级资质：企业产权关系明确，注册资本 200 万元以上，已建立企业质量管理体系，通过认证并能有效运行，具有计算机信息系统集成项目经理人数不少于 6 名，其中高级项目经理人数不少于 1 名。

四级资质：企业产权关系明确，注册资本 30 万元以上，已建立企业质量管理体系，并能有效实施，计算机信息系统集成项目经理人数不少于 3 名。

企业甲 2010 年 1 月通过 ISO 9001 质量管理体系认证，已经通过国家认可的第三方认证机构的认证，但未有效运行一年以上，因此不满足一级资质的申报条件。应选择 A。

参考答案

(2) A

试题（3）

下面关于计算机信息系统集成资质的论述，(3) 是不正确的。

(3) A. 工业和信息化部对计算机信息系统集成认证工作进行行业管理

　　　B. 申请三、四级资质的单位应向经政府信息产业主管部门批准的资质认证机构提出认证申请

　　　C. 申请一、二级资质的单位应直接向工业和信息化部资质管理办公室提出认证申请

　　　D. 通过资质认证审批的各单位将获得由工业和信息化部统一印制的资质证书

试题（3）分析

依据《计算机信息系统集成资质管理办法（试行）》（信部规【1999】1047 号文）之

规定：

第六条 信息产业部负责计算机信息系统集成资质认证管理工作，包括指定和管理资质认证机构、发布管理办法和标准、审批和发布资质认证结果。

第十七条 资质认证工作办公室将资质评审结果报请信息产业部审批后，颁发《资质证书》。《资质证书》分为正本和副本，正本和副本具有同等法律效力。

依据《计算机信息系统集成资质认证申报程序（试行）》（信规函【2001】2 号文）之规定：

第三条 资质的认证

（一）申请单位向资质认证机构提出委托评审申请，提交申请材料。

1. 申请一、二级资质

申请单位根据规定的一、二级资质评定条件，向经信息产业部认可的一、二级资质认证机构（以下简称认证机构）提出资质认证委托申请，提交评审申请材料。

2. 申请三、四级资质

申请单位根据规定的三、四级资质评定条件，向本省市信息产业主管部门认可的资质认证机构提出资质认证委托申请，提交认证申请材料。本省市没有设置认证机构的可委托部和其他省市认可的认证机构认证。

因此，对于计算机信息系统集成的一、二级资质，申请单位应根据规定的一、二级资质评定条件，向经信息产业部认可的一、二级资质认证机构（以下简称认证机构）提出资质认证委托申请，提交评审申请材料。应选择 C。

参考答案

（3）C

试题（4）

省市信息产业主管部门负责对 (4) 信息系统集成资质进行审批和管理。

（4）A. 一、二级　　　　　　　　　　B. 三、四级

　　　 C. 本行政区域内的一、二级　　D. 本行政区域内的三、四级

试题（4）分析

依据《计算机信息系统集成资质认证申报程序（试行）》（信部函【2001】2 号文）之规定：

第四条 一、二级资质的申报和审批

（一）申请单位准备资质申报材料

通过认证机构审核的申请单位填写信息产业部计算机信息系统集成资质认证工作办公室统一制定的《计算机信息系统集成资质申报表》，连同认证机构出具的《计算机信息系统集成资质认证报告》一并提交到申请单位所在省市信息产业主管部门。

（二）省市信息产业主管部门签署意见

各省、市信息产业主管部门对申请单位的申报材料进行初审，签署审查意见后，将

有关材料报信息产业部计算机信息系统集成资质认证工作办公室。计划单列市信息产业主管部门在将有关材料向信息产业部上报时，应同时抄送省信息产业主管部门。

（三）信息产业部计算机信息系统集成资质认证工作办公室综合

信息产业部计算机信息系统集成资质认证工作办公室将省市信息产业主管部门上报的材料进行登录、综合。

（四）资质认证专家委员会审核

由信息产业部计算机信息系统集成资质认证工作办公室组织有关专家对申请单位的计算机信息系统集成资质进行审核。对于通过审核的单位，将有关材料上报到信息产业部；对于未通过审核的单位，将有关意见反馈给省市信息产业主管部门。

（五）审批与颁发《资质证书》

信息产业部审批申请单位的资质。对通过审批的单位颁发《资质证书》；对于未通过审批的单位，将有关意见反馈给省市信息产业主管部门。

第五条　三、四级资质的申报和审批

（一）申请单位准备资质申报材料

通过认证机构认证的申请单位填写信息产业部计算机信息系统集成资质认证工作办公室统一制定的《计算机信息系统集成资质申报表》，连同认证机构出具的《计算机信息系统集成资质认证报告》一并提交到申请单位所在省市信息产业主管部门。

（二）省市信息产业主管部门组织审批

省（自治区、直辖市）信息产业主管部门对申请单位的申报材料进行审核，并审批。对于通过审批的单位，将有关材料上报到信息产业部计算机信息系统集成资质认证工作办公室备案；对于未通过审批的单位，将有关意见反馈给申请单位。计划单列市信息产业主管部门在将有关材料向信息产业部计算机信息系统集成资质认证工作办公室上报备案时，应同时抄送省信息产业主管部门。

（三）信息产业部计算机信息系统集成资质认证工作办公室备案

信息产业部计算机信息系统集成资质认证工作办公室将省市信息产业主管部门上报的材料进行登录、备案。若有异议及时反馈有关省市，若无异议则省市审批生效。

（四）颁发《资质证书》

通过审批的单位由各省市颁发信息产业部统一印制的《资质证书》。

因此，在计算机信息系统集成的一、二级资质的审批中，由省（自治区、直辖市）信息产业主管部门对申请单位的申报材料进行审核，并审批。应选择 D。

参考答案

（4）D

试题（5）

与制造资源计划 MRPⅡ相比，企业资源计划 ERP 最大的特点是在制定计划时将__(5)__考虑在一起，延伸管理范围。

　　（5）A．经销商　　　　B．整个供应链　　　C．终端用户　　　D．竞争对手

试题（5）分析

　　企业资源计划（Enterprise Resource Planning，ERP）的概念由美国 Gartner Group 公司于 20 世纪 90 年代提出，它是由物料需求计划（Materials Requirement Planning，MRP）逐步演变并结合计算机技术的快速发展而来的，大致经历了基本 MRP、闭环 MRP、MPRⅡ和 ERP 等 4 个阶段。进入 20 世纪 90 年代，随着市场竞争加剧和信息技术的飞速进步，20 世纪 80 年代 MPRⅡ主要面向企业内部资源全面计划管理的思想逐步发展为 20 世纪 90 年代怎样有效利用和管理整体资源的管理思想——企业资源计划 ERP 应运而生。

　　ERP 的管理范围向整个供应链延伸，可同期管理企业的多种生产方式，在多方面扩充了管理功能，支持在线分析处理，施行财务计划和价值控制。在资源管理范围方面，MRPII 主要侧重对企业内部人、财、物等资源的管理，ERP 系统在 MRPII 的基础上扩展了管理范围，它把客户需求和企业内部的制造活动，以及供应商的制造资源整合在一起，形成企业一个完整的供应链并对供应链上所有环节如订单、采购、库存、计划、生产制造、质量控制、运输、分销、服务与维护、财务管理、人事管理、实验室管理、项目管理、配方管理等进行有效管理。

　　由此可见，与制造资源计划 MRPⅡ相比，企业资源计划 ERP 最大的特点是在 MPRⅡ的基础上扩展了管理范围，形成一个完整的供应链并对供应链上所有环节进行有效管理。应选择 B。

参考答案

　　（5）B

试题（6）

　　小张在某电子商务网站建立一家经营手工艺品的个人网络商铺，向网民提供自己手工制作的工艺品。这种电子商务模式为 (6) 。

　　（6）A．B2B　　　　B．B2C　　　　C．C2C　　　　D．G2C

试题（6）分析

　　电子商务按照交易对象可分为企业与企业之间（B2B）、商业企业与消费者之间的电子商务（B2C）、消费者与消费者之间（C2C）以及政府与个人间的电子商务（G2C）等 4 种。如果对电子商务做进一步的细分，有的人把企业内部的电子商务也归入电子商务的一种类型，即企业内部不同部门之间的电子商务，通过企业内部网（Intranet）的方式处理与交换商贸信息。

　　根据电子商务按照交易对象分类的电子商务模式，小张的电子商务模式属于消费者与消费者之间的电子商务（C2C）。应选择 C。

参考答案

　　（6）C

试题（7）

　　与基于 C/S 架构的信息系统相比，基于 B/S 架构的信息系统　(7)　。

　　(7) A. 具备更强的事务处理能力，易于实现复杂的业务流程

　　　　 B. 人机界面友好，具备更加快速的用户响应速度

　　　　 C. 更加容易部署和升级维护

　　　　 D. 具备更高的安全性

试题（7）分析

　　C/S 模式（即客户机/服务器模式）分为客户机和服务器两层，客户机不是毫无运算能力的输入、输出设备，而是具有一定的数据处理和数据存储能力，通过把应用系统的计算和数据合理地分配在客户机和服务器两端，可以有效地降低网络通信量和服务器运算量。由于服务器连接个数和数据通信量的限制，这种结构的软件适于在用户数目不多的局域网内使用。

　　B/S 模式（浏览器/服务器模式）是随着 Internet 技术的兴起，对 C/S 结构的一种改进。在这种结构下，软件应用的业务逻辑完全在应用服务器端实现，用户表现完全在 Web 服务器端实现，客户端只需要浏览器即可进行业务处理，是一种全新的软件系统构造技术。

　　C/S 结构的系统，由于其应用是分布的，需要在每一个使用节点上进行系统安装，所以，即使非常小的系统缺陷都需要很长的重新部署时间，重新部署时，为了保证各程序版本的一致性，必须暂停一切业务进行更新（即"休克更新"），将会显著延迟其服务响应时间。而在 B/S 结构的信息系统中，其应用都集中于总部服务器上，各应用节点并没有任何程序，一个地方更新则全部应用程序更新，可以做到快速服务响应。

　　因此，基于 B/S 架构的信息系统比基于 C/S 架构的系统更容易部署和升级维护。应选择 C。

参考答案

　　(7) C

试题（8）

　　中间件是位于硬件、操作系统等平台和应用之间的通用服务。(8) 位于客户和服务器之间，负责负载均衡、失效恢复等任务，以提高系统的整体性能。

　　(8) A. 数据库访问中间件　　　　　B. 面向消息中间件

　　　　 C. 分布式对象中间件　　　　　D. 事务中间件

试题（8）分析

　　中间件是位于硬件、操作系统等平台和应用之间的通用服务，这些服务具有标准的程序接口和协议。不同的硬件及操作系统平台，可以有符合接口和协议规范的多种实现。中间件包括的范围十分广泛，针对不同的应用需求有各种不同的中间件产品。从不同的角度对中间件的分类也会有所不同。通常将中间件分为数据库访问中间件、远程过程调

用中间件、面向消息中间件、事务中间件、分布式对象中间件等几类。

数据库访问中间件通过一个抽象层访问数据库，从而允许使用相同或相似的代码访问不同的数据库资源。远程过程调用（RPC）中间件用来"远程"执行一个位于不同地址空间内的过程，从效果上看和执行本地调用相同。面向消息的中间件（MOM）利用高效可靠的消息传递机制负责进行平台无关的数据交流，并可基于数据通信进行分布系统的集成。分布式对象中间件是随着对象技术和分布计算技术的发展，两者结合形成的技术，可用于在异构分布计算环境中透明地传递对象请求。事务中间件也称事务处理监控器（Transaction Processing Monitor，TPM）位于客户端和服务器之间，完成事务管理与协调、负载平衡、失效恢复等任务，以提高系统的整体性能。应选择 D。

参考答案

（8）D

试题（9）

以下关于软件测试的描述，__(9)__是正确的。

（9）A．系统测试应尽可能在实际运行使用环境下进行

  B．软件测试是在编码阶段完成之后进行的一项活动

  C．专业测试人员通常采用白盒测试法检查程序的功能是否符合用户需求

  D．软件测试工作的好坏，取决于测试发现错误的数量

试题（9）分析

软件测试是为了发现错误而执行程序的过程，是根据程序开发阶段的规格说明及程序内部结构而精心设计的一批测试用例（输入数据及其预期结果的集合），并利用这些测试用例去运行程序，以发现程序错误的过程。故软件测试应尽可能在实际运行使用环境下进行。

软件测试不再只是一种仅在编码阶段完成后才开始的活动，而是应该包括在整个开发和维护过程中的活动，它本身也是实际产品构造的一个组成部分。

基于计算机的测试可以分为白盒测试和黑盒测试。黑盒测试指根据软件产品的功能设计规格，在计算机上进行测试，以证实每个已经实现的功能是否符合要求。白盒测试指根据软件产品的内部工作过程，在计算机上进行测试，以证实每种内部操作是否符合设计要求，所有内部成分是否已经过检查。故专业测试人员通常采用黑盒测试法检查程序的功能是否符合用户需求。

对软件测试进行设计的目的是想以最少的时间和人力系统地找出软件中潜在的各种错误和缺陷。如果成功地实施了测试，就能够发现软件中的错误。测试的附带收获是它能够证明软件的功能和性能与需求说明相符。软件测试工作的好坏，并不取决于测试发现错误的数量。 因此，系统测试应尽可能在实际运行使用环境下进行。应选择 A。

参考答案

（9）A

试题（10）

软件的质量是指 (10)。

（10）A．软件的功能性、可靠性、易用性、效率、可维护性、可移植性

　　　　B．软件的功能和性能

　　　　C．用户需求的满意度

　　　　D．软件特性的总和，以及满足规定和潜在用户需求的能力

试题（10）分析

软件"产品评价"国际标准 ISO 14598 和国家标准 GB/T 16260—1—2006《软件工程产品质量-质量模型》给出的"软件质量"的定义是：软件特性的总和，软件满足规定或潜在用户需求的能力。其中定义的软件质量包括"内部质量"、"外部质量"和"使用质量"三部分。也就是说，"软件满足规定或潜在用户需求的能力"要从软件在内部、外部和使用中的表现来衡量。软件质量特性是软件质量的构成因素，是软件产品内在的或固有的属性，包括软件的功能性、可靠性、易用性、效率、可维护性和可移植性等，每一个软件质量特性又由若干个软件质量子特性组成。

由此可见，软件质量不是某个或几个软件质量特性或子特性，如功能和性能，也不是用户需求的满意程度，而是软件特性的总和，是软件满足规定或潜在用户的能力。应选择 D。

参考答案

（10）D

试题（11）

在软件生存周期中，将某种形式表示的软件转换成更高抽象形式表示的软件的活动属于 (11)。

（11）A．逆向工程　　　　　　　　　B．代码重构

　　　　C．程序结构重构　　　　　　　D．数据结构重构

试题（11）分析

逆向工程（reverse engineering）有的人也叫反求工程，其大意是根据已有的东西和结果，通过分析来推导出具体的实现方法。

软件逆向工程的基本原理是抽取软件系统的主要部分而隐藏细节，然后使用抽取出的实体在高层上描述软件系统。逆向工程抽取的实体应比源代码更容易推理和接近应用领域，同时在高层上对软件系统的抽象表示要求简洁和易于理解。在软件工程领域，迄今为止没有统一的逆向工程定义。较为通用的是 Elliot Chikafsky 和 Cross 在文献中定义的逆向工程的相关术语。

正向工程：从高层抽象和独立于实现的逻辑设计到一个系统的物理实现的传统开发

过程。

逆向工程：分析目标系统，认定系统的构件及其交互关系，并且通过高层抽象或其他形式来展现目标系统的过程。

与逆向工程相关的其他术语包括：

再文档（Redocumentation）：根据源代码，在同一层次上创建或修改系统文档。

设计恢复（Design Recovery）：结合目标系统、领域知识和外部信息认定更高层次的抽象。

重构（Restructuring）：保持系统外部行为〔功能和语义），在同一抽象层次上改变表示形式。

再工程（Reengineering）：结合逆向工程、重构和正向工程对现有系统进行审查和改造，将其重组为一种新形式。

体系结构再现：用于从源码、性能分析信息、设计文档及专家知识等现有信息中抽象出一个更高层次表示的技术和过程。

其中，再文档、设计恢复不改变系统。重构改变了系统，但不改变其功能。再工程通常涉及逆向工程与正向工程的联合使用，逆向工程解决程序的理解问题，正向工程检验哪些功能需要保留、删除或增加。再工程改变了系统的功能和方向，是最根本和最有深远影响的扩展。

由此可见，重构是指在同一抽象层次上改变系统的表示形式，将某种形式表示的软件转换成更高抽象形式表示的软件的活动不属于重构，而属于软件的逆向工程。应选择 A。

参考答案

（11）A

试题（12）

根据《软件文档管理指南》（GB/T 16680—1996），以下关于文档评审的叙述，(12) 是不正确的。

（12）A. 需求评审进一步确认开发者和设计者已了解用户要求什么及用户从开发者一方了解某些限制和约束

　　　　B. 在概要设计评审过程中主要详细评审每个系统组成部分的基本设计方法和测试计划，系统规格说明应根据概要设计评审的结果加以修改

　　　　C. 设计评审产生的最终文档规定系统和程序将如何设计开发和测试以满足一致同意的需求规格说明书

　　　　D. 详细设计评审主要评审计算机程序、程序单元测试计划和集成测试计划

试题（12）分析

《软件文档管理指南》（GB/T 16680—1996）有关"文档评审"的内容如下：

需求评审进一步确认开发者和设计者已了解用户要求什么，及用户从开发者一方了

解某些限制和约束。需求评审可能需要一次以上产生一个被认可的需求规格说明。基于对系统要做些什么的共同理解，才能着手详细设计。用户代表必须积极参与开发和需求评审，参与对需求文档的认可。

设计评审通常安排两个主要的设计评审，概要设计评审和详细设计评审。

在概要设计评审过程中，主要详细评审每个系统组成部分的基本设计方法和测试计划。系统规格说明应根据概要设计评审的结果加以修改。

详细设计评审主要评审计算机程序和程序单元测试计划。

设计评审产生的最终文档规定系统和程序将如何设计、开发和测试。应选择 D。

参考答案

（12）D

试题（13）

根据《软件文档管理指南》（GB/T 16680—1996），以下关于软件文档归类的叙述，(13) 是不正确的。

（13）A．开发文档描述开发过程本身

　　　　B．产品文档描述开发过程的产物

　　　　C．管理文档记录项目管理的信息

　　　　D．过程文档描述项目实施的信息

试题（13）分析

根据《软件文档管理指南》（GB/T 16680—1996）之 7.2 节之内容：

7.2　规定文档类型和内容

下面给出软件文档主要类型的大纲，这个大纲不是详尽的或最后的，但适合作为主要类型软件文档的检验表。而管理者应规定何时定义他们的标准文档类型。

软件文档归入如下三种类别：

a）开发文档——描述开发过程本身；

b）产品文档——描述开发过程的产物；

c）管理文档——记录项目管理的信息。

由此可见，国标 GB/T 16680—1996 中定义了开发文档、产品文档和管理文档三种文档类型，管理者可将任何软件文档归入这三种类型中的一种，标准中并未涉及过程文档的概念。应选择 D。

参考答案

（13）D

试题（14）

根据《软件工程—产品质量》（GB/T 16260.1—2006）定义的质量模型，不属于功能性的质量特性是__(14)__。

(14) A. 适应性　　　　　B. 适合性　　　　C. 安全保密性　　　　D. 互操作性

试题 (14) 分析

根据《软件工程—产品质量》（GB/T 16260.1—2006）中关于功能性之定义：

功能性：当软件在指定条件下使用时，软件产品提供满足明确和隐含要求的功能的能力。包括如下几条子特性：

① 适合性：软件产品为指定的任务和用户目标提供一组合适的功能的能力。

② 准确性：软件产品提供具有所需精度的正确或相符的结果或效果的能力。

③ 互操作性：软件产品与一个或更多的规定系统进行交互的能力。

④ 安全保密性：软件产品保护信息和数据的能力，以使未授权的人员或系统不能阅读或修改这些信息和数据，而不拒绝授权人员或系统对它们的访问。

⑤ 功能性的依从性：软件产品遵循与功能性相关的标准、约定或法规以及类似规定的能力。

由此可见，标准中定义的功能性的子特性中不包含适应性。应选择 A。

参考答案

(14) A

试题 (15)

W 公司想要对本单位的内部网络和办公系统进行改造，希望通过招标选择承建商，为此，W 公司进行了一系列活动。以下__(15)__活动不符合《中华人民共和国招标投标法》的要求。

(15) A. 对此项目的承建方和监理方的招标工作，W 公司计划由同一家招标代理机构负责招标，并计划在同一天开标

　　　B. W 公司根据此项目的特点和需要编制了招标文件，并确定了提交投标文件的截止日期

　　　C. 有四家公司参加了投标，其中一家投标单位在截止日期之后提交投标文件，W 公司认为其违反了招标文件要求，没有接受该投标单位的投标文件

　　　D. W 公司根据招标文件的要求，在三家投标单位中选择了其中一家作为此项目的承建商，并只将结果通知了中标企业

试题 (15) 分析

《中华人民共和国招标投标法》中关于招标代理有下列条款：

第十二条　招标人有权自行选择招标代理机构，委托其办理招标事宜。任何单位和个人不得以任何方式为招标人指定招标代理机构；

第十五条　招标代理机构应当在招标人委托的范围内办理招标事宜，并遵守本法关于招标人的规定。

《中华人民共和国招标投标法》中关于招投标有下列条款：

第十九条　招标人应当根据招标项目的特点和需要编制招标文件；

第二十四条　招标人应当确定投标人编制投标文件所需要的合理时间。W 公司根据此项目的特点和需要编制了招标文件，并确定了提交投标文件的截止日期是符合法规要求的。

第二十八条　投标人应当在招标文件要求提交投标文件的截止时间前，将投标文件送达投标地点。在招标文件要求提交投标文件的截止时间后送达的投标文件，招标人应当拒收。

第四十五条　中标人确定后，招标人应当向中标人发出中标通知书，并同时将中标结果通知所有未中标的投标人。

由此可见，《中华人民共和国招标投标法》并没有规定对承建方和监理方的招标工作不可以由一家招标代理机构负责招标，亦未规定不能在同一天开标。有四家公司参加了投标，其中一家投标单位在截止日期之后提交投标文件，W 公司应依法拒收该单位在截止时间后送达的投标文件。而 W 公司根据招标文件的要求，在三家投标单位中选择了其中一家作为此项目的承建商，并只将结果通知了中标企业，未通知所有未中标的投标人，不符合《中华人民共和国招标投标法》第四十五条之规定。应选择 D。

参考答案

（15）D

试题（16）

以下采用单一来源采购方式的活动，__(16)__ 是不恰当的。

(16) A．某政府部门为建立内部办公系统，已从一个供应商采购了 120 万元的网络设备，由于办公地点扩大，打算继续从原供应商采购 15 万元的设备

　　　 B．某地区发生自然灾害，当地民政部门需要紧急采购一批救灾物资

　　　 C．某地方主管部门需要采购一种市政设施，目前此种设施国内仅有一家厂商生产

　　　 D．某政府机关为升级其内部办公系统，与原承建商签订了系统维护合同

试题（16）分析

根据《政府采购法》第三十一条：

符合下列情形之一的货物或者服务，可以依照本法采用单一来源方式采购：（一）只能从唯一供应商处采购的；（二）发生了不可预见的紧急情况不能从其他供应商处采购的；（三）必须保证原有采购项目一致性或者服务配套的要求，需要继续从原供应商处添购，且添购资金总额不超过原合同采购金额百分之十的。

分析上述条款可知，A 选项中所述的新采购额已超过原合同采购金额百分之十，不符合第三十一条之第（三）款的规定。B、C 和 D 选项所述之行为均未违反有关条款的

规定。应选择 A。

参考答案

（16）A

试题（17）

为了解决 C/S 模式中客户机负荷过重的问题，软件架构发展形成了 (17) 模式。

（17）A．三层 C/S　　　B．分层　　　　C．B/S　　　D．知识库

试题（17）分析

C/S（Client/Server）模式即客户机/服务器模式。该模式是基于资源不对等，为实现共享而提出的。C/S 模式需要在使用者计算机上安装相应的操作软件，使得客户机负载过重。为了解决 C/S 模式中客户端的问题，发展形成了浏览器/服务器（Browser/Server，B/S）模式；为解决 C/S 模式中服务器端的问题，发展形成了三层（多层）C/S 模式及多层应用架构。知识库模式采用两种不同的控制策略：传统数据库型的知识库模式和黑板报系统的知识库模式。应选择 C。

参考答案

（17）C

试题（18）

小王在公司局域网中用 Delphi 编写了客户端应用程序，其后台数据库使用 MS NT4+SQL Server，应用程序通过 ODBC 连接到后台数据库。此处的 ODBC 是 (18)。

（18）A．中间件　　　　　　　　　B．Web Service

　　　C．COM 构件　　　　　　　　D．Web 容器

试题（18）分析

中间件是位于硬件、操作系统等平台和应用之间的通用服务，这些服务具有标准的程序接口和协议。不同的硬件及操作系统平台，可以有符合接口和协议规范的多种实现。中间件包括的范围十分广泛，针对不同的应用需求有各种不同的中间件产品。从不同的角度对中间件的分类也会有所不同。通常将中间件分为数据库访问中间件、远程过程调用中间件、面向消息中间件、事务中间件、分布式对象中间件等几类。

数据库访问中间件通过一个抽象层访问数据库，从而允许使用相同或相似的代码访问不同的数据库资源。典型的数据库访问中间件如 Windows 平台下的 ODBC。

Web Service 定义了一种松散的粗粒度的分布计算模式，包含如 SOAP 等协议和语言的典型技术。

COM 是一个开放的构件标准，它有很强劲的扩充和扩展能力，人们可以根据该标准开发出各种各样的功能专一的构件，然后将它们按照需要组合起来，构成复杂的应用。

Web 容器实际上就是一个服务程序，给处于其中的应用程序组件提供一个环境，使组件直接跟容器中的服务接口交互，不必关注其他系统问题。应选择 A。

参考答案

（18）A

试题（19）

（19）制定了无线局域网访问控制方法与物理层规范。

（19）A．IEEE 802.3　　　　　　　　B．IEEE 802.11

　　　C．IEEE 802.15　　　　　　　D．IEEE 802.16

试题（19）分析

IEEE 802 系列标准是 IEEE 802 LAN/MAN 标准委员会制定的局域网、城域网技术标准，其中：

IEEE 802.3 网络协议标准描述物理层和数据链路层的 MAC 子层的实现方法，在多种物理媒体上以多种速率采用CSMA/CD 访问方式，对于快速以太网该标准说明的实现方法有所扩展，该标准通常指以太网。

IEEE 802.11 是无线局域网通用的标准，它是由 IEEE 所定义的无线网络通信的标准，该标准定义了物理层和媒体访问控制(MAC)协议的规范。

IEEE 802.15 是由 IEEE 制定的一种蓝牙无线通信规范标准，应用于无线个人区域网（WPAN）。

IEEE 802.16 是一种无线宽带标准。应选择 B。

参考答案

（19）B

试题（20）

可以实现在 Internet 上任意两台计算机之间传输文件的协议是　（20）。

（20）A．FTP　　　　　B．HTTP　　　　　C．SMTP　　　　　D．SNMP

试题（20）分析

FTP 是 File Transfer Protocol（文件传输协议）的英文简称，中文简称为"文传协议"。FTP 用于在 Internet 上控制文件的双向传输。用户可以通过它把自己的 PC 与世界各地所有运行 FTP 协议的服务器相连，访问服务器上的大量程序和信息。FTP 的功能，就是让用户连接上一个远程运行着FTP服务器程序的计算机，进行两台计算机之间的文件传输。在 FTP 的使用当中，用户经常遇到两个概念：就是"下载"（Download）和"上传"（Upload）。

HTTP（HyperText Transfer Protocol）是超文本传输协议的英文简称，它是客户端浏览器或其他程序与 Web 服务器之间的应用层通信协议。在 Internet 上的 Web 服务器上存放的都是超文本信息，客户机需要通过 HTTP 协议传输所要访问的超文本信息。

SMTP（Simple Mail Transfer Protocol，简单邮件传输协议）是一组用于由源地址到目的地址传送邮件的规则，由它来控制信件的中转方式。

SNMP（Simple Network Management Protocol，简单网络管理协议）用来对通信线路

进行管理。应选择 A。

参考答案

（20）A

试题（21）

我国颁布的《大楼通信综合布线系统 YD/T926》标准的适用范围是跨度距离不超过 (21) 米，办公总面积不超过 1000 平方米的布线区域。

（21）A．500　　　B．1000　　　C．2000　　　D．3000

试题（21）分析

我国颁布的《大楼通信综合布线系统 YD/T926》标准中包括下列关于适用范围的条款：

1．范围

本部分适用于跨距不过 3000m，办公面积不超过 1000000m² 的布线区域，区域内的人员为 50～50000 人。应选择 D。

参考答案

（21）D

试题（22）

根据《电子信息系统机房设计规范》，(22) 的叙述是错误的。

（22）A．某机房内面积为 125 平方米，共设置了三个安全出口

　　　B．机房内所有设备的金属外壳、各类金属管道、金属线槽、建筑物金属结构等必须进行等电位联结并接地

　　　C．机房内的照明线路宜穿钢管暗敷或在吊顶内穿钢管明敷

　　　D．为了保证通风，A 级电子信息系统机房应设置外窗

试题（22）分析

《电子信息系统机房设计规范》中包含下列相关条款：

6.3.4　面积大于 100m² 的主机房，安全出口应不少于两个，且应分散布置。面积不大于 100 m²的主机房，可设置一个安全出口，并可通过其他相临房间的门进行疏散。门应向疏散方向开启，且应自动关闭，并应保证在任何情况下都能从机房内开启。走廊、楼梯间应畅通，并应有明显的疏散指示标志。

6.4.6　A 级 B 级电子信息系统机房的主机房不宜设置外窗。当主机房设有外窗时，应采用双层固定窗，并应有良好的气密性，不间断电源系统的电池室设有外窗时，应避免阳光直射。

8.2.9　电子信息系统机房内的照明线路宜穿钢管暗敷或在吊顶内穿钢管明敷。

8.3.4 电子信息系统机房内所有设备可导电金属外壳、各类金属管道、金属线槽、建筑物金属结构等必须进行等电位连接并接地。应选择 D。

参考答案

（22）D

试题（23）

SAN 存储技术的特点包括 (23)。

①高度的可扩展性 ②复杂但体系化的存储管理方式 ③优化的资源和服务共享 ④高度的可用性

（23）A．①③④　　B．①②④　　C．①②③　　D．②③④

试题（23）分析

SAN 是采用高速的光纤通道为传输介质的网络存储技术。它将存储系统网络化，实现了高速共享存储以及块级数据访问的目的。作为独立于服务器网络系统之外，它几乎拥有无限存储扩展能力。业界提倡的 OPEN SAN 克服了早先光纤通道仲裁环所带来的互操作和可靠性问题，提供了开放式、灵活多变的多样配置方案。

总体来说，SAN 拥有极度的可扩展性、简化的存储管理、优化的资源和服务共享以及高度可用性。应选择 A。

参考答案

（23）A

试题（24）

某机房部署了多级 UPS 和线路稳压器，这是出于机房供电的 (24) 需要。

（24）A．分开供电和稳压供电　　　　B．稳压供电和电源保护
　　　　C．紧急供电和稳压供电　　　　D．不间断供电和安全供电

试题（24）分析

根据对机房安全保护的不同要求，机房供、配电分为如下几种：

① 分开供电：机房供电系统应将计算机系统供电与其他供电分开，并配备应急照明装置。

② 紧急供电：配置抗电压不足的基本设备、改进设备或更强设备，如基本 UPS、改进的 UPS、多级 UPS 和应急电源（发电机组）等。

③ 备用供电：建立备用的供电系统，以备常用供电系统停电时启用，完成对运行系统必要的保留。

④ 稳压供电：采用线路稳压器，防止电压波动对计算机系统的影响。

⑤ 电源保护：设置电源保护装置，如金属氧化物可变电阻、二极管、气体放电管、滤波器、电压调整变压器和浪涌滤波器等，防止/减少电源发生故障。

⑥ 不间断供电：采用不间断供电电源，防止电压波动、电器干扰和断电等对计算

机系统的不良影响。

⑦ 电器噪声防护：采取有效措施，减少机房中电器噪声干扰，保证计算机系统正常运行。

⑧ 突然事件防护：采取有效措施，防止/减少供电中断、异常状态供电（指连续电压过载或低电压）、电压瞬变、噪声（电磁干扰）以及由于雷击等引起的设备突然失效事件的发生。

根据上述定义，采用 UPS 和线路稳压器是分别出于机房紧急供电和稳压供电的需要，应选择 C。

参考答案

（24）C

试题（25）

以下关于计算机机房与设施安全管理的要求，__(25)__ 是不正确的。

（25）A．计算机系统的设备和部件应有明显的标记，并应便于去除或重新标记

　　　　B．机房中应定期使用静电消除剂，以减少静电的产生

　　　　C．进入机房的工作人员，应更换不易产生静电的服装

　　　　D．禁止携带个人计算机等电子设备进入机房

试题（25）分析

对计算机机房的安全保护包括机房场地选择、机房防火、机房空调、降温、机房防水与防潮、机房防静电、机房接地与防雷、机房电磁防护等。答案选项涉及的相关要求如下：

标记和外观：系统设备和部件应有明显的无法擦去的标记。

服装防静电：人员服装采用不易产生静电的衣料，工作鞋采用低阻值材料制作。

静电消除要求：机房中使用静电消除剂，以进一步减少静电的产生。

机房物品：没有管理人员的明确准许，任何记录介质、文件资料及各种被保护品均不准带出机房，磁铁、私人电子计算机或电设备等不准带入机房。

分析上述要求和答案选项，答案选项 A 中"设备和部件应有明显的标记，并应便于去除或重新标记"的提法与上述"标记和外观"要求中的"系统设备和部件应有明显的无法擦去的标记"不符。应选择 A。

参考答案

（25）A

试题（26）

某企业应用系统为保证运行安全，只允许操作人员在规定的工作时间段内登录该系统进行业务操作，这种安全策略属于 __(26)__ 层次。

（26）A．数据域安全　　　　　　　　B．功能性安全

　　　　C．资源访问安全　　　　　　　D．系统级安全

试题（26）分析

应用系统运行中涉及的安全和保密层次包括系统级安全、资源访问安全、功能性安全和数据安全。这4个层次的安全，按照粒度从粗到细的排序是系统级安全、资源访问安全、功能性安全、数据域安全。程序资源访问控制安全的粒度大小界于系统级安全和功能性安全两者之间，是最常见的应用系统安全问题，几乎所有的应用系统都会涉及这个安全问题。

（1）系统级安全

企业应用越来越复杂，因此制定得力的系统级安全策略才是从根本上解决问题的基础。通过对现行安全技术的分析，制定系统级安全策略，策略包括敏感系统的隔离、访问 IP 地址段的限制、登录时间段的限制、会话时间的限制、连接数的限制、特定时间段内登录次数的限制以及远程访问控制等，系统级安全是应用系统的第一级防护大门。

（2）资源访问安全

对程序资源的访问进行安全控制，在客户端上，为用户提供和其权限相关的用户界面，仅出现和其权限相符的菜单和操作按钮；在服务端则对 URL 程序资源和业务服务类方法的调用进行访问控制。

（3）功能性安全

功能性安全会对程序流程产生影响，如用户在操作业务记录时，是否需要审核，上传附件不能超过指定大小等。这些安全限制已经不是入口级的限制，而是程序流程内的限制，在一定程度上影响程序流程的运行。

（4）数据域安全

数据域安全包括两个层次，其一是行级数据域安全，即用户可以访问哪些业务记录，一般以用户所在单位为条件进行过滤；其二是字段级数据域安全，即用户可以访问业务记录的哪些字段。不同的应用系统数据域安全的需求存在很大的差别，业务相关性比较高。

根据上述定义，只允许操作人员在规定的工作时间段内登录该系统进行业务操作，属于"系统级安全"层次。应选择 D。

参考答案

（26）D

试题（27）

基于用户名和口令的用户入网访问控制可分为 _(27)_ 三个步骤。

(27) A．用户名的识别与验证、用户口令的识别与验证、用户账号的默认限制检查

B．用户名的识别与验证、用户口令的识别与验证、用户权限的识别与控制

C．用户身份识别与验证、用户口令的识别与验证、用户权限的识别与控制

D．用户账号的默认限制检查、用户口令的识别与验证、用户权限的识别与控制

试题（27）分析

访问控制是网络安全防范和保护的主要策略，它的主要任务是保证网络资源不被非法使用和访问。它是保证网络安全最重要的核心策略之一。访问控制涉及的技术也比较广，包括入网访问控制、网络权限控制、目录级控制以及属性控制等多种手段。

入网访问控制为网络访问提供了第一层访问控制。它控制哪些用户能够登录到服务器并获取网络资源，控制准许用户入网的时间和准许他们在哪台工作站入网。用户的入网访问控制可分为三个步骤：用户名的识别与验证、用户口令的识别与验证、用户账号的默认限制检查。三道关卡中只要任何一关未过，该用户便不能进入该网络。对网络用户的用户名和口令进行验证是防止非法访问的第一道防线。为保证口令的安全性，用户口令不能显示在显示屏上，口令长度应不少于 6 个字符，口令字符最好是数字、字母和其他字符的混合，用户口令必须经过加密。用户还可采用一次性用户口令，也可用便携式验证器（如智能卡）来验证用户的身份。网络管理员可以控制和限制普通用户的账号使用、访问网络的时间和方式。用户账号应只有系统管理员才能建立。

因此，基于用户名和口令的用户入网访问控制可分为用户名的识别与验证、用户口令的识别与验证、用户账号的默认限制检查等三个步骤。应选择 A。

参考答案

（27）A

试题（28）

Web Service 技术适用于 (28) 应用。

① 跨越防火墙 ②应用系统集成 ③单机应用程序 ④B2B 应用 ⑤软件重用 ⑥局域网上的同构应用程序

（28）A．③④⑤⑥　　　B．②④⑤⑥　　　C．①③④⑥　　　D．①②④⑤

试题（28）分析

Web 服务（Web Service）定义了一种松散的、粗粒度的分布计算模式，使用标准的 HTTP(S)协议传送 XML 表示及封装的内容。Web 服务的主要目标是跨平台的互操作性，适合使用 Web Service 的情况如下：

① 跨越防火墙：对于成千上万且分布在世界各地的用户来讲，应用程序的客户端和服务器之间的通信是一个棘手的问题。客户端和服务器之间通常都会有防火墙或者代理服务器。用户通过 Web 服务访问服务器端逻辑和数据可以规避防火墙的阻挡。

② 应用程序集成：企业需要将不同语言编写的在不同平台上运行的各种程序集成起来时，Web 服务可以用标准的方法提供功能和数据，供其他应用程序使用。

③ B2B 集成：在跨公司业务集成(B2B 集成)中，通过 Web 服务可以将关键的商务应用提供给指定的合作伙伴和客户。用 Web 服务实现 B2B 集成可以很容易地解决互操作问题。

④ 软件重用：Web 服务允许在重用代码的同时，重用代码后面的数据。通过直接

调用远端的 Web 服务，可以动态地获得当前的数据信息。用 Web 服务集成各种应用中的功能，为用户提供一个统一的界面，是另一种软件重用方式。

在某些情况下，Web 服务也可能会降低应用程序的性能。不适合使用 Web 服务的情况如下：

① 单机应用程序：只与运行在本地机器上的其他程序进行通信的桌面应用程序最好不使用 Web 服务，只使用本地 API 即可。

② 局域网上的同构应用程序：使用同一种语言开发的在相同平台的同一个局域网中运行的应用程序直接通过 TCP 等协议调用，会更有效。

经归纳总结，适合使用 Web 服务的情况包括跨越防火墙、应用程序集成、B2B 集成和软件重用，符合答案选项 D。应选择 D。

参考答案

（28）D

试题（29）

以下关于 J2EE 应用服务器运行环境的叙述中，__（29）__是正确的。

（29）A．容器是构件的运行环境

　　　B．构件是应用服务器提供的各种功能接口

　　　C．构件可以与系统资源进行交互

　　　D．服务是表示应用逻辑的代码

试题（29）分析

J2EE 应用服务器运行环境包括构件（Component）、容器（Container）及服务（Services）三部分。构件是表示应用逻辑的代码；容器是构件的运行环境；服务则是应用服务器提供的各种功能接口，可以同系统资源进行交互。

由此可知，"容器是构件的运行环境"的叙述是正确的，其他答案选项中的叙述与上述概念的定义不符。应选择 A。

参考答案

（29）A

试题（30）

以下关于数据仓库与数据库的叙述中，__（30）__是正确的。

（30）A．数据仓库的数据高度结构化、复杂、适合操作计算；而数据库的数据结构比较简单，适合分析

　　　B．数据仓库的数据是历史的、归档的、处理过的数据；数据库的数据反映当前的数据

　　　C．数据仓库中的数据使用频率较高；数据库中的数据使用频率较低

　　　D．数据仓库中的数据是动态变化的，可以直接更新；数据库中的数据是静态的，不能直接更新

试题（30）分析

　　传统的数据库技术以单一的数据资源即数据库为中心，进行事务处理、批处理、决策分析等各种数据处理工作，主要有操作型处理和分析型处理两类。数据仓库是一个面向主题的、集成的、相对稳定的、反映历史变化的数据集合，用于支持管理决策。可以从两个层次理解数据仓库：首先数据仓库用于决策支持，面向分析型数据处理，不同于企业现有的操作型数据库；其次，数据仓库是对多个异构数据源（包括历史数据）的有效集成，集成后按主题重组，且存放在数据仓库中的数据一般不再修改。

　　与操作型数据库相比，数据仓库的主要特点如下：

　　① 面向主题：操作型数据库的数据面向事务处理，各个业务系统之间各自分离，而数据仓库的数据按主题进行组织。主题指的是用户使用数据仓库进行决策时所关心的某些方面。一个主题通常与多个操作型系统相关。

　　② 集成：面向事务处理的操作型数据库通常与某些特定的应用相关，数据库之间相互独立，并且往往是异构的。而数据仓库中的数据是在对原有分散的数据库数据抽取、清理的基础上经过系统加工、汇总和整理而得到的，消除了源数据中的不一致性，保证数据仓库内的信息是整个企业的一致性的全局信息。

　　③ 相对稳定：操作型数据库中数据通常是实时更新的，数据根据需要及时发送变化。而数据仓库的数据主要供企业决策分析之用，所涉及的数据操作主要是数据查询，只有少量的修改和删除操作，通常只需定期加载、刷新。

　　④ 反映历史变化：操作型数据库主要关心当前某一个时间段内的数据，而数据仓库的数据通常包含历史信息，系统记录了企业从过去某一时刻到当前各个阶段的信息，通过这些信息，可以对企业的发展历程和未来趋势作出定量分析和预测。

　　由此可见，数据仓库用于决策支持，面向的是分析型数据而非操作性数据或计算，因此答案选项 A 不正确。数据仓库中的数据通常只有少量的修改和删除操作，具有相对稳定性，而操作型数据库中的数据通常是实时更新的，因此答案选项 C 中"数据仓库中的数据使用频率较高；数据库中的数据使用频率较低"的提法不准确，同理答案选项 D 中的提法同样欠缺准确性。答案选项 B 中的提法符合上述数据仓库和数据库的特点对比分析。应选择 B。

参考答案

　　（30）B

试题（31）

　　发布项目章程，标志着项目的正式启动。以下围绕项目章程的叙述中，__(31)__ 是不正确的。

　　（31）A．制定项目章程的工具和技术包括专家判断

　　　　　B．项目章程要为项目经理提供授权，方便其使用组织资源进行项目活动

　　　　　C．项目章程应当由项目发起人发布

D．项目经理应在制定项目章程后再任命

试题（31）分析

项目章程是正式批准一个项目的文档，或者是批准现行项目是否进入下一个阶段的文档。项目章程应当由项目组织以外的项目发起人发布，若项目为本组织开发也可由投资人发布。发布人其在组织内的级别应能批准项目，并有相应的为项目提供所需要资金的权力。项目章程为项目经理使用组织资源进行项目活动提供了授权。尽可能在项目早期确定和任命项目经理。应该总是在开始项目计划前就任命项目经理，在项目启动时任命会更合适。

项目经理要最好在项目前期就得到任命和参与项目，以便对项目有较深入的了解，并参与制定项目章程，而不能"应在制定项目章程后再任命"。

项目章程是项目的一个正式文档，在批准发布前应由专家进行评审（专家判断），以确保其的内容满足项目要求。应选择 D。

参考答案

（31）D

试题（32）

在编制项目管理计划时，项目经理应遵循编制原则和要求，使项目计划符合项目实际管理的需要。以下关于项目管理计划的叙述中，__（32）__是不正确的。

（32）A．应由项目经理独立进行编制

B．可以是概括的

C．项目管理计划可以逐步精确

D．让干系人参与项目计划的编制

试题（32）分析

编制项目管理计划所遵循的基本原则有：全局性原则、全过程原则、人员与资源的统一组织与管理原则、技术工作与管理工作协调的原则。除此之外，更具体的编制项目计划所遵循的原则有：目标的统一管理、方案的统一管理、过程的统一管理、技术工作与管理工作的统一协调、计划的统一管理、人员资源的统一管理、各干系人的参与和逐步求精原则。

其中，各干系人的参与是指各干系人尤其是后续实施人员参与项目管理计划的制定过程，这样不仅让他们了解计划的来龙去脉，提高了他们在项目实施过程中对计划的把握和理解。更重要的是，因为他们的参与包含了他们对项目计划的承诺，从而提高了他们执行项目计划的自觉性。

逐步求精是指，项目计划的制定过程也反映了项目的渐进明细特点，也就是近期的计划制定得详细些，远期的计划制定得概要一些，随着时间的推移，项目计划在不断细化。

由此可见，项目计划可以是概括的，可以逐步精确，并且干系人要参与项目计划的编制，不应由项目经理独立进行编制。应选择 A。

参考答案

（32）A

试题（33）

在项目实施过程中，项目经理通过项目周报中的项目进度分析图表发现机房施工进度有延期风险。项目经理立即组织相关人员进行分析，下达了关于改进措施的书面指令。该指令属于 （33）。

（33）A．检查措施　　　　　　　B．缺陷补救措施
　　　C．预防措施　　　　　　　D．纠正措施

试题（33）分析

检查措施是对产品或工作制定的检查方法或措施。

缺陷补救措施是对在质量审查和审核过程中发现的缺陷制定的修复和消除影响的措施。

预防措施是为消除潜在不合格或其他潜在不期望情况的原因，降低项目风险发生的可能性而需要的措施。

纠正措施是为了消除已发现的不合格或其他不期望情况的原因所采取的措施。

项目经理通过项目周报中的项目进度分析图表发现机房施工进度有延期风险，经分析后下达了关于改进措施的书面指令。该指令属于在不合格或不期望情况尚未发生的情况下，为降低项目风险发生的可能性而采取的措施，因此属于预防措施。应选择 C。

参考答案

（33）C

试题（34）

在项目管理中，采取 （34） 方法，对项目进度计划实施进行全过程监督和控制是经济和合理的。

（34）A．会议评审和 MONTE CARLO 分析
　　　B．项目月报和旁站
　　　C．进度报告和旁站
　　　D．挣值管理和会议评审

试题（34）分析

MONTE CARLO 分析属于计算机随机模拟方法，它是一种基于"随机数"的计算方法，用事件发生的"频率"来决定事件的"概率"，可用于在项目进度管理和风险管理中进行模拟分析。模拟指以不同的活动假设为前提，计算多种项目所需时间，这种方法的成本通常较高。

旁站是监理中的一个术语，主要用于监控隐蔽工程质量，对于关键的活动的进度监督也可采用，如果全过程采用则人力成本较高。

通过进度报告、挣值分析和判断、会议评审等收集进度数据和对数据进行判断的方法对项目进度计划实施进行全过程监督和控制是相对经济、可行和合理的。应选择 D。

参考答案

（34）D

试题（35）

一项新的国家标准出台，某项目经理意识到新标准中的某些规定将导致其目前负责的一个项目必须重新设定一项技术指标，该项目经理首先应该 （35）。

（35）A. 撰写一份书面的变更请求

　　　B. 召开一次变更控制委员会会议，讨论所面临的问题

　　　C. 通知受到影响的项目干系人将采取新的项目计划

　　　D. 修改项目计划和 WBS，以保证该项目产品符合新标准

试题（35）分析

变更是指对计划的改变，由于极少有项目能够完全按照原来的项目计划安排运行，因而变更不可避免。同时对变更也要加以管理，因此变更控制就必不可少。变更控制过程如下：

① 受理变更申请。

② 变更的整体影响分析。

③ 接受或拒绝变更。

④ 执行变更。

⑤ 变更结果追踪和审核。

上述答案选项中，A 选项属于变更申请，B 选项属于变更的整体影响分析，C 选项属于接受变更后执行变更，D 选项属于执行变更和变更结果追踪。根据变更控制过程，首先要提出变更申请，因此应选 A。

参考答案

（35）A

试题（36）

项目经理对某软件需求分析活动历时估算的结果是：该活动用时 2 周（假定每周工作时间是 5 天）。随后对其进行后备分析，确定的增加时间是 2 天。以下针对该项目后备分析结果的叙述中，（36）是不正确的。

（36）A. 增加软件需求分析的应急时间是 2 天

　　　B. 增加软件需求分析的缓冲时间是该活动历时的 20%

　　　C. 增加软件需求分析的时间储备是 20%

　　　D. 增加软件需求分析的历时标准差是 2 天

试题（36）分析

在活动历时估算所采用的主要方法和技术中包含有后备分析。后备分析是在时间估算的基础上考虑一些时间储备和富裕量。也可称为"应急时间"、"时间储备"、"缓冲时间"，而该活动用时 2 周（假定每周工作日为 5 天），则总工作日为 10 天，确定的增加时间是 2 天，因此后备分析可以增加 2 天或 20%。因此"增加软件需求分析的应急时间是 2 天"、"增加软件需求分析的缓冲时间是该活动历时的 20%"、"增加软件需求分析的时间储备是 20%"等三种表述方式是一致的。

标准差是三点估算中的统计学术语，通过最乐观估时和最悲观估时来计算标准差，其计算方法不同于后备分析，因此应选择 D。

参考答案

（36）D

试题（37）

在工程网络计划中，工作 M 的最早开始时间为第 16 天，其持续时间为 5 天。该工作有三项紧后工作，他们的最早开始时间分别为第 25 天、第 27 天和第 30 天，最迟开始时间分别为第 28 天、第 29 天和第 30 天。则工作 M 的总时差为 （37） 天。

（37）A．5   B．6   C．7   D．9

试题（37）分析

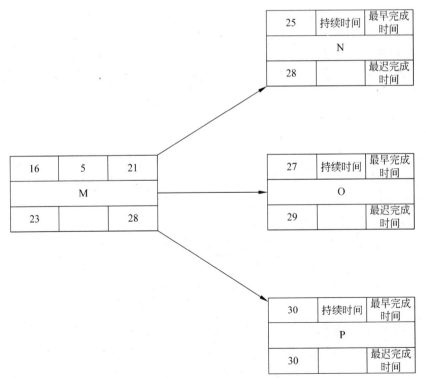

参见上图，M活动的早开始日期（ES）=16天，最早结束日期（EF）=21天；使用逆推法计算最迟结束日期（LF）=28天，开始日期（LS）=28–5=23天。

总时差= LS – ES 或 LF – EF

总时差=23–16=7天

因此选C。

参考答案

（37）C

试题（38）

以下关于关键路径法的叙述，（38）是不正确的。

（38）A．如果关键路径中的一个活动延迟，将会影响整个项目计划

  B．关键路径包括所有项目进度控制点

  C．如果有两个或两个以上的路径长度一样，就有可能存在多个关键路径

  D．关键路径可随项目的进展而改变

试题（38）分析

关键路径分析是通过对各条路径的分析用时最长的那条路径为关键路径，关键路径只有一个决定因素就是路径用时，如果有两个或两个以上的路径长度一样，就有可能存在多个关键路径。项目进度用时是由关键路径决定的，在关键路径上的活动叫做关键活动，其时差为零，如果关键路径中的一个活动延迟，将会影响整个项目计划。在项目进展过程中，由于资源平衡，关键路径可能用时缩短，比其他的路径用时还少，这时关键路径就发生变更。

关键路径并不包含全部项目活动，因此关键路径不能包括所有项目进度控制点。

根据上述分析，应选B。

参考答案

（38）B

试题（39）

在软件开发项目实施过程中，由于进度需要，有时要采取快速跟进措施。（39）属于快速跟进范畴。

（39）A．压缩需求分析工作周期

  B．设计图纸全部完成前就开始现场施工准备工作

  C．使用最好的工程师，加班加点尽快完成需求分析说明书编制工作

  D．同其他项目协调好关系以减少行政管理的摩擦

试题（39）分析

进度压缩指在不改变项目范围、进度制约条件、强加日期或其他进度目标的前提下缩短项目的进度时间。进度压缩的技术有以下几种：

① 赶进度（也称作赶工）。 对费用和进度进行权衡，确定如何在尽量少增加费用

的前提下最大限度地缩短项目所需时间。赶进度并非总能产生可行的方案，反而常常增加费用。

② 快速跟进。这种进度压缩技术通常同时进行有先后顺序的阶段或活动，即并行。例如，建筑物在所有建筑设计图纸完成之前就开始基础施工。快速跟进往往造成返工，并通常会增加风险。这种办法可能要求在取得完整、详细的信息之前就开始进行，如工程设计图纸。其结果是以增加费用为代价换取时间，并因缩短项目进度时间而增加风险。

根据上述概念，"压缩需求分析工作周期"、"使用最好的工程师，加班加点尽快完成需求分析说明书编制工作"属于在尽量少增加费用的前提下最大限度地缩短项目所需时间的做法，即赶工。"设计图纸全部完成前就开始现场施工准备工作"属于并行展开相关活动，即属于快速跟进。 而对于"同其他项目协调好关系以减少行政管理的摩擦"这一选项，间接防止进度的拖延，而非实质性推进工程进度，故不属于赶工，也不属于快速跟进。因此应选择 B。

参考答案

（39）B

试题（40）

某软件开发项目的实际进度已经大幅滞后于计划进度，__(40)__能够较为有效地缩短活动工期。

（40）A．请经验丰富的老程序员进行技术指导或协助完成工作

　　　　B．要求项目组成员每天加班 2～3 个小时进行赶工

　　　　C．招聘一批新的程序员到项目组中

　　　　D．购买最新版本的软件开发工具

试题（40）分析

项目进度控制是依据项目进度基准计划对项目的实际进度进行监控，使项目能够按时完成。当项目的实际进度滞后于进度计划时，首先发现问题、分析问题根源并找出妥善的解决办法。通常可以采用以下一些方法缩短活动的工期：

① 投入更多的资源以加速活动进程。

② 指派经验更丰富的人去完成或帮助完成项目工作。

③ 减少活动范围或降低活动要求。

④ 通过改进方法或技术提高生产率。

⑤ 快速跟进（或称并行）。

若没找出造成拖期的原因而"要求项目组成员每天加班 2～3 个小时进行赶工"不会有明显的效果。"招聘一批新的程序员到项目组中"还要进行培训，培训后效率也不会比老员工效率高。

通常情况下，通过新版本的软件开发工具不会对缩短进度有太大影响，并且新工具又面临一个熟悉过程。而"请经验丰富的老程序员进行技术指导或协助完成工作"可以

凭借其丰富的经验帮助项目组找出拖期原因，并通过其高效的工作来缩短工期。因此应选择 A。

参考答案

（40）A

试题（41）

某公司最近在一家大型企业 OA 项目招标中胜出，小张被指定为该项目的项目经理。公司发布了项目章程，小张依据该章程等项目资料编制了由项目目标、可交付成果、项目边界及成本和质量测量指标等内容组成的 (41)。

（41）A．项目工作说明书　　　　　　　B．范围管理计划
　　　　C．范围说明书　　　　　　　　D．WBS

试题（41）分析

范围管理计划是一个计划工具，用以描述该团队如何定义项目范围、如何制订详细的范围说明书、如何定义和编制工作分解结构，以及如何验证和控制范围。范围管理计划的输入包括项目章程、项目范围说明书（初步）、组织过程资产、环境因素和组织因素、项目管理计划。

项目范围说明书详细描述了项目的可交付物以及产生这些可交付物所必须做的项目工作。项目范围说明书的输入包括项目章程和初步的范围说明书、项目范围管理计划、组织过程资产和批准的变更申请。 项目范围说明书（详细）也可以称为"详细的项目范围说明书"。详细的范围说明书包括的直接内容或引用的内容，如下：

① 项目的目标

② 产品范围描述

③ 项目的可交付物

④ 项目边界

⑤ 产品验收标准

⑥ 项目的约束条件

⑦ 项目的假定

项目的工作分解结构（WBS）是管理项目范围的基础，详细描述了项目所要完成的工作。WBS 的组成元素有助于项目干系人检查项目的最终产品。WBS 的最低层元素是能够被评估的、可以安排进度的和被追踪的。WBS 的最底层的工作单元被称为工作包，它是定义工作范围、定义项目组织、设定项目产品的质量和规格、估算和控制费用、估算时间周期和安排进度的基础。

工作说明书（SOW）是对项目所要提供的产品、成果或服务的描述。

小张依据项目章程等项目资料编制了由项目目标、可交付成果、项目边界及成本和质量测量指标等内容组成的文档。该文档的一个输入是项目章程，且符合项目范围说明书要定义的内容。因此应选 C。

参考答案

（41）C

试题（42）

下面关于项目范围确认描述，__(42)__是正确的。

（42）A．范围确认是一项对项目范围说明书进行评审的活动

　　　　B．范围确认活动通常由项目组和质量管理员参与执行即可

　　　　C．范围确认过程中可能会产生变更申请

　　　　D．范围确认属于一项质量控制活动

试题（42）分析

范围确认是客户等项目干系人正式验收并接受已完成的项目可交付物的过程。也称范围确认过程为范围核实过程。项目范围确认包括审查项目可交付物以保证每一交付物令人满意地完成。如果项目在早期被终止，项目范围确认过程将记录其完成的情况。

项目范围确认应该贯穿项目的始终。范围确认与质量控制不同，范围确认是有关工作结果的接受问题，而质量控制是有关工作结果正确与否，质量控制一般在范围确认之前完成，当然也可以并行进行。

范围确认的输入包括：① 项目管理计划；② 可交付物。范围确认的输出包括：① 可接受的项目可交付物和工作；② 变更申请；③ 更新的 WBS 和 WBS 字典。

综上所述，范围确认的对象不仅包括范围说明书，还包括项目管理计划和所有可交付物；范围确认的参加人员是客户和所有项目干系人，不仅限于项目组和质量管理员；范围确认与质量控制不同，前者是有关工作结果的接受问题，而后者是有关工作正确与否的问题。因此答案选项 A、B、D 不正确。 范围确认可能的输出包括变更申请，因此，应选择 C。

参考答案

（42）C

试题（43）

下列关于资源平衡的描述中，__(43)__是正确的。

（43）A．资源平衡通常用于已经利用关键链法分析过的进度模型之中

　　　　B．进行资源平衡的前提是不能改变原关键路线

　　　　C．使用按资源分配倒排进度法不一定能制定出最优项目进度表

　　　　D．资源平衡的结果通常是使项目的预计持续时间比项目初步进度表短

试题（43）分析

资源平衡是一种进度网络分析技术，用于已经利用关键路线法分析过的进度模型之中。资源平衡的用途是调整时间安排需要满足规定交工日期的计划活动，处理只有在某些时间动用或只能动用有限数量的必要的共用或关键资源的局面，或者用于在项目工作具体时间段按照某种水平均匀地使用选定资源。这种均匀使用资源的办法可能会改变原

来的关键路线。

关键路线法是利用进度模型时使用的一种进度网络分析技术。关键路线法沿着项目进度网络路线进行正向与反向分析，从而计算出所有计划活动理论上的最早开始与完成日期、最迟开始与完成日期，不考虑任何资源限制。关键路线法的计算结果是初步的最早开始与完成日期、最迟开始与完成日期进度表，这种进度表在某些时间段要求使用的资源可能比实际可供使用的数量多，或者要求改变资源水平，或者对资源水平改变的要求超出了项目团队的管理能力。将稀缺资源首先分配给关键路线上的活动，这种做法可以用来制定反映上述制约因素的项目进度表。资源平衡的结果经常是项目的预计持续时间比初步项目进度表长。某些项目可能拥有数量有限但关键的项目资源，遇到这种情况，资源可以从项目的结束日期开始反向安排，这种做法叫做按资源分配倒排进度法，但不一定能制定出最优项目进度表。

关键链法是另一种进度网络分析技术，可以根据有限的资源对项目进度表进行调整。

综上可知，资源平衡是一种进度网络分析技术，用于已经利用关键路线法（非关键链法）分析过的进度模型之中；资源平衡可能会改变原来的关键路线；资源平衡的结果经常是项目的预计持续时间比初步项目进度表长；按资源分配倒排进度法不一定能制定出最优项目进度表。因此应选 C。拥有数量有限但关键的项目资源，资源可以从项目的结束日期反向倒排，可以制定出一个较好的项目进度表，但不一定能制定出最优项目进度表。

参考答案

（43）C

试题（44）

某企业今年用于信息系统安全工程师的培训费用为 5 万元，其中有 8000 元计入 A 项目成本，该成本属于 A 项目的 (44)。

（44）A．可变成本　　　　　　　B．沉没成本

　　　C．实际成本（AC）　　　　D．间接成本

试题（44）分析

项目的成本类型包括：

① 可变成本：随着生产量、工作量或时间而变的成本为可变成本。可变成本又称变动成本。

② 固定成本：不随生产量、工作量或时间的变化而变化的非重复成本为固定成本。

③ 直接成本：直接可以归属于项目工作的成本为直接成本。如项目团队差旅费、工资、项目使用的物料及设备使用费等。

④ 间接成本：来自一般管理费用科目或几个项目共同担负的项目成本所分摊给本项目的费用，就形成了项目的间接成本，如税金、额外福利和保卫费用等。

某企业今年用于信息系统安全工程师的培训费用为 5 万元,其中只有 8000 元计入 A

项目成本，A 项目的该成本可归入一般管理费用科目，同时是几个项目共同担负的项目成本所分摊给 A 项目的费用，因此应属于间接成本，选择 D。

参考答案

（44）D

试题（45）

项目进行到某阶段时，项目经理进行了绩效分析，计算出 CPI 值为 0.91。这表示 (45)。

（45）A．项目的每 91 元人民币投资中可创造相当于 100 元的价值

　　　B．当项目完成时将会花费投资额的 91%

　　　C．项目仅进展到计划进度的 91%

　　　D．项目的每 100 元人民币投资中只创造相当于 91 元的价值

试题（45）分析

成本执行（绩效）指数（Cost Performance Index，CPI）等于挣值（Earned Value，EV）和实际成本（Actual Cost，AC）的比值。CPI 是最常用的成本效率指标。计算公式为：

$$CPI = EV/AC$$

CPI 是既定的时间段内实际完工工作的预算成本(EV)与既定的时间段内实际完成工作发生的实际总成本(AC)的比值。CPI 值若小于 1 则表示实际成本超出预算，CPI 值若大于 1 则表示实际成本低于预算。

根据 CPI 的定义，项目经理进行了绩效分析计算出 CPI 值为 0.91，表示项目的每 100 元人民币投资中只创造相当于 91 元的价值。因此应选 D。

参考答案

（45）D

试题（46）

下图是一项布线工程计划和实际完成的示意图，2009 年 3 月 23 日的 PV、EV、AC 分别是 (46)。

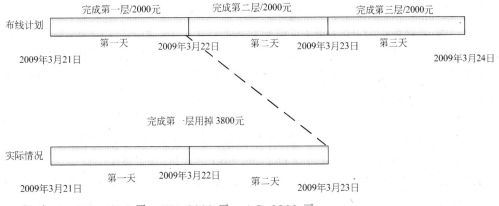

（46）A．PV=4000 元、EV=2000 元、AC=3800 元

　　　　B．PV=4000 元、EV=3800 元、AC=2000 元

　　　　C．PV=3800 元、EV=4000 元、AC=2000 元

　　　　D．PV=3800 元、EV=3800 元、AC=2000 元

试题（46）分析

　　根据 PV、EV、AC 定义，到 2009 年 3 月 23 日，计划预算即 PV 为 4000 元。

　　到 23 日时实际花费的费用即 AC，为完成第一层用掉的 3800 元。

　　到 23 日时实际才完成了第一层的布线工作，而第一层布线工作对应的预算为 2000 元，即 EV 为 2000 元。因此选择 A。

参考答案

　　（46）A

试题（47）

　　在项目人力资源计划编制中，一般会涉及到组织结构图和职位描述。其中，根据组织现有的部门、单位或团队进行分解，把工作包和项目的活动列在负责的部门下面的图采用的是 (47)。

　　（47）A．工作分解结构（WBS）　　　　　B．组织分解结构（OBS）

　　　　　　C．资源分解结构（RBS）　　　　　D．责任分配矩阵（RAM）

试题（47）分析

　　可使用多种形式描述项目的角色和职责，最常用的有三种：层次结构图、责任分配矩阵和文本格式。除此之外，在一些分计划（如风险、质量和沟通计划）中也可以列出某些项目的工作分配。无论采用何种形式，都要确保每一个工作包只有一个明确的责任人，而且每一个项目团队成员都非常清楚自己的角色和职责。

　　（1）层次结构图。传统的组织结构图就是一种典型的层次结构图，它用图形的形式从上至下地描述团队中的角色和关系。

　　① 用工作分解结构（WBS）来确定项目的范围，将项目可交付物分解成工作包即可得到该项目的 WBS。也可以用 WBS 来描述不同层次的职责。

　　② 组织分解结构（OBS）与工作分解结构形式上相似，但是它不是根据项目的交付物进行分解，而是根据组织现有的部门、单位或团队进行分解。把项目的活动和工作包列在负责的部门下面。通过这种方式，某个运营部门（例如采购部门）只要找到自己在 OBS 中的位置就可以了解所有该做的事情。

　　③ 资源分解结构（RBS）是另一种层次结构图，它用来分解项目中各种类型的资源，例如，资源分解结构可以反映一艘轮船建造项目中各个不同区域用到的所有焊工和焊接设备，即使这些焊接工和焊接设备在 OBS 和 WBS 中分布杂乱。RBS 有助于跟踪项目成本，能够与组织的会计系统协调一致。RBS 除了包含人力资源之外还包括各种资源类型，例如，材料和设备。

　　（2）矩阵图。反映团队成员个人与其承担的工作之间联系的方法有多种，而责任分

配矩阵（RAM）是最直观的方法。在大型项目中，RAM 可以分成多个层级。例如，高层级的 RAM 可以界定团队中的哪个小组负责工作分解结构图中的哪一部分工作（component）；而低层级的 RAM 被用来在小组内，为具体活动分配角色、职责和授权层次。

（3）文本格式。团队成员职责需要详细描述时，可以采用文字形式描述。

（4）项目计划的其他部分。一些和管理项目相关的职责列在项目管理计划的其他部分并做相应解释。

综合上述概念可知，根据组织现有的部门、单位或团队进行分解，把项目的活动和工作包列在负责的部门下面的层次结构图采用的是组织分解结构（OBS）。因此选择 B。

参考答案

（47）B

试题（48）

在组建项目团队时，人力资源要满足项目要求。以下说法，__(48)__是不妥当的。

（48）A. 对关键岗位要有技能标准，人员达标后方可聘用

　　　B. 与技能标准有差距的员工进行培训，合格后可聘用

　　　C. 只要项目经理对团队成员认可就可以

　　　D. 在组建团队时要考虑能力、经验、兴趣、成本等人员因素

试题（48）分析

企业在人力资源管理体系建立过程中的基本要求为：基于适当的教育、培训、技能和经验，从事影响产品与要求的符合性工作的人员是能够胜任的。要确定从事影响产品与要求的符合性工作的人员所必要的能力，即制定关键岗位的技能标准，可考虑能力、经验、兴趣、成本等人员因素；如果目前一些人员达不到标准要求，要提供培训或采取其他措施以获得所需的能力。而不建立人力资源管理制度，或在项目团队组建时完全由项目经理个人好恶决定项目成员是不符合科学管理潮流的。

综合以上分析，"只要项目经理对团队成员认可就可以"属于在项目团队组建时完全由项目经理个人好恶决定项目成员的做法，这种做法是不符合科学管理潮流的。因此选择 C。

参考答案

（48）C

试题（49）

项目经理管理项目团队有时需要解决冲突，__(49)__属于解决冲突的范畴。

（49）A. 强制、妥协、撤退　　　　　　　B. 强制、求同存异、观察

　　　C. 妥协、求同存异、增加权威　　　D. 妥协、撤退、预防

试题（49）分析

在项目管理环境里，冲突是不可避免的。不管冲突对项目的影响是正面的还是负面

的，项目经理都有责任处理它，以减少冲突对项目的不利影响，增加其对项目积极有利的一面。

以下是冲突管理的 6 种方法：

① 问题解决（Problem Solving Confrontation）。问题解决就是冲突各方一起积极地定义问题、收集问题的信息、制定解决方案，最后直到选择一个最合适的方案来解决冲突，此时为双赢或多赢。但在这个过程中，需要公开地协商，这是冲突管理中最理想的一种方法。

② 合作（Collaborating）。集合多方的观点和意见，得出一个多数人接受和承诺的冲突解决方案。

③ 强制（Forcing）。强制就是以牺牲其他各方的观点为代价，强制采纳一方的观点。一般只适用于赢-输这样的情况和游戏情景里。

④ 妥协（Compromising）。妥协就是冲突的各方协商并且寻找一种能够使冲突各方都有一定程度满意，但冲突各方没有任何一方完全满意，是一种都做一些让步的冲突解决方法。

⑤ 求同存异（Smoothing/Accommodating）。求同存异的方法就是冲突各方都关注他们一致的一面，而淡化不一致的一面。一般求同存异要求保持一种友好的气氛，但是回避了解决冲突的根源。

⑥ 撤退（Withdrawing/Avoiding）。撤退就是把眼前的或潜在的冲突搁置起来，从冲突中撤退。

根据上述概念的定义，强制、妥协和撤退都属于冲突解决的范畴。因此选择 A。

参考答案

（49）A

试题（50）

某承建单位准备把机房项目中的消防系统工程分包出去，并准备了详细的设计图纸和各项说明。该项目工程包括：火灾自动报警、广播、火灾早期报警灭火等。该工程宜采用__（50）__。

（50）A．单价合同　　　　　　　　　B．成本加酬金合同

　　　　C．总价合同　　　　　　　　　D．委托合同

试题（50）分析

按项目付款方式划分的合同可分为如下几类：

（1）总价合同

总价合同又称固定价格合同，是指在合同中确定一个完成项目的总价，承包人据此完成项目全部合同内容的合同。这种合同类型能够使建设单位在评标时易于确定报价最低的承包商，易于进行支付计算。适用于工程量不太大且能精确计算、工期较短、技术不太复杂、风险不大的项目，同时要求发包人必须准备详细全面的设计图纸和各项说明，

使承包人能准确计算工程量。

（2）单价合同

单价合同是指承包人在投标时，以招标文件就项目所列出的工作量表确定各部分项目工程费用的合同类型。这种类型的适用范围比较宽，其风险可以得到合理的分摊，并且能鼓励承包人通过提高工资等手段从成本节约中提高利润。这类合同履行中需要注意的问题是双方对实际工作量的确定。

（3）成本加酬金合同

成本加酬金合同，是由发包人向承包人支付工程项目的实际成本，并且按照事先约定的某一种方式支付酬金的合同类型。在这类合同中，建设单位须承担项目实际发生的一切费用，因此也承担了项目的全部风险。承建单位也往往不注意降低项目成本。这类合同主要适用于以下项目：① 需立即开展工作的项目；② 对项目内容及技术经济指标未确定的项目。③ 风险大的项目。

某承建单位准备把机房项目中的消防系统工程分包出去，并准备了详细的设计图纸和各项说明。该项目工程包括：火灾自动报警、广播、火灾早期报警灭火等。因此，项目要完成的内容、详细的设计图纸和各项详细说明已经由承建单位提供，承包人能够据此准确计算工程量，适宜采用总价合同。单价合同通常需要以招标文件的形式列出的工作量表来确定项目各部分项目工程费用。成本加酬金合同是由发包人向承包人支付工程项目的实际成本，并且按照事先约定的某一种方式支付酬金的合同类型，适用于需要立即展开、风险大或对项目内容及技术经济指标未确定的项目。而委托合同是委托人和受托人约定，由受托人处理委托人事务的合同。根据上述几种不同合同类型的分析，单价合同、成本加酬金合同和委托合同均不适合在本题目的上下文中采用，因此应选择 C。

参考答案

（50）C

试题（51）

小王为本公司草拟了一份计算机设备采购合同，其中写到"乙方需按通常的行业标准提供技术支持服务"。经理审阅后要求小王修改，原因是 (51) 。

(51) A. 文字表达不通顺

　　　 B. 格式不符合国家或行业标准的要求

　　　 C. 对"合同标的"的描述不够清晰、准确

　　　 D. 术语使用不当

试题（51）分析

为了使签约各方对合同有一致理解，建议如下：

① 使用国家或行业标准的合同格式。

② 为避免因条款的不完备或歧义而引起合同纠纷，系统集成商应认真审阅建设单位拟订的合同。除了法律的强制性规定外，其他合同条款都应与建设单位在充分协商并

达成一致基础上进行约定。

对"合同标的"的描述务必达到"准确、简练、清晰"的标准要求，切忌含混不清。如合同标的是提供服务的，一定要写明服务的质量、标准或效果要求等，切忌只写"按照行业的通常标准提供服务或达到行业通常的服务标准要求等"之类的描述。

综合以上分析，经理审阅后要求小王修改其草拟的合同，是因为对"合同标的"的描述不够清晰、准确。因此选择 C。

参考答案

（51）C

试题（52）

组织项目招标要按照《中华人民共和国招标投标法》进行。以下叙述中，_(52)_ 是不正确的。

（52）A．公开招标和邀请招标都是常用的招标方式

B．公开招标是指招标人以招标公告方式邀请一定范围的法人或者其他组织投标

C．邀请招标是指招标人以投标邀请书的方式邀请特定的法人或者其他组织投标

D．招标人是依照本法规定提出招标项目、进行招标的法人或者其他组织

试题（52）分析

招标人是依照《中华人民共和国招标投标法》规定提出招标项目、进行招标的法人或其他组织。

① 公开招标：是指招标人以招标公告的方式邀请不特定的法人或者其他组织投标。

② 邀请招标：是指招标人以投标邀请书的方式邀请特定的法人或者其他组织投标。

根据上述《中华人民共和国招标投标法》相关条款的规定，公开招标是指招标人以招标公告的方式邀请不特定的法人或者其他组织投标，而不是招标人以招标公告方式邀请一定范围的法人或者其他组织投标。因此应选择 B。

参考答案

（52）B

试题（53）

系统集成商与建设方在一个 ERP 项目的谈判过程中，建设方提出如下要求：系统初验时间为 2010 年 6 月底(付款 50%)；正式验收时间为 2010 年 10 月底(累计付款 80%)；系统运行服务期限为一年（可能累计付款 100%）；并希望长期提供应用软件技术支持。系统集成商在起草项目建设合同时，合同期限设定到 _(53)_ 为妥。

（53）A．2010 年 10 月底   B．2011 年 6 月底

C．2011 年 10 月底   D．长期

试题（53）分析

根据《中华人民共和国合同法》第四十六条，"当事人对合同的效力可以约定附期限。附生效期限的合同，自期限届至时生效。附终止期限的合同，自期限届满时失效"。

系统集成可分为系统设计、系统集成、系统售后服务三个阶段，建设方提出的付款条件也是按照集成、售后服务阶段划分的。一年的售后服务圆满完成后意味该项集成合同的结束，至于建设方在售后服务期满后希望承建方长期提供应用软件技术支持，可再签订运维合同。

根据上述分析，以选项 C 为妥。

参考答案

（53）C

试题（54）

某软件开发项目合同规定，需求分析要经过客户确认后方可进行软件设计。但建设单位以客户代表出国、其他人员不知情为由拒绝签字，造成进度延期。软件开发单位进行索赔一般按 (54) 顺序较妥当。

① 由该项目的监理方进行调解　　　　　②由经济合同仲裁委员会仲裁

③ 由有关政府主管机构仲裁

（54）A．①②③　　　　B．①③②　　　　C．③①②　　　　D．②①③

试题（54）分析

索赔是在工程承包合同履行过程中，当事人一方由于另一方未履行合同所规定的义务而遭受损失时，向另一方提出索赔要求的行为。

项目发生索赔事件后，一般先由监理工程师调解，若调解不成，由政府建设主管机构进行调解，若仍调解不成，由经济合同仲裁委员会进行调解或仲裁。在整个索赔过程中，遵循的原则是索赔的有理性、索赔依据的有效性、索赔计算的正确性。

根据上述索赔程序，应选择 B。

参考答案

（54）B

试题（55）

按照索赔程序，索赔方要在索赔通知书发出后 (55) 内，向监理方提出延长工期和（或）补偿经济损失的索赔报告及有关资料。

（55）A．2 周　　　　B．28 天　　　　C．30 天　　　　D．3 周

试题（55）分析

按照索赔程序，当出现索赔事项时，首先由索赔方以书面的索赔通知书形式，在索赔事项发生后的 28 天以内，向监理工程师正式提出索赔意向通知书。

在索赔通知书发出后的 28 天内，向监理工程师提出延长工期和（或）补偿经济损失的索赔报告及有关资料。因此选择 B。

参考答案

（55）B

试题（56）

某项工程需在室外进行线缆铺设，但由于连续大雨造成承建方一直无法施工，开工日期比计划晚了 2 周（合同约定持续 1 周以内的天气异常不属于反常天气），给承建方造成一定的经济损失。承建方若寻求补偿，应当（56）。

（56）A．要求延长工期补偿

　　　　B．要求费用补偿

　　　　C．要求延长工期补偿、费用补偿

　　　　D．自己克服

试题（56）分析

索赔是在工程承包合同履行过程中，当事人一方由于另一方未履行合同所规定的义务而遭受损失时，向另一方提出索赔要求的行为。

按照索赔的目的分类，可分为工期索赔和费用索赔。工期索赔就是要求业主延长施工时间，使原规定的竣工时期顺延。费用索赔就是要求业主或承包商双方补偿费用损失，进而调整合同价款。

合同索赔的重要前提条件是合同一方或双方存在违约行为和事实，并且由此造成了损失，责任应由对方承担。对提出的合同索赔，凡属于客观原因造成的延期、属于业主也无法预见到的情况，如特殊反常天气，达到合同中特殊反常天气的约定条件，承包商可能得到延长工期，但得不到费用补偿。对于属于业主方面的原因造成拖延工期，不仅应给承包商延长工期，还应给予费用补偿。

根据上述合同索赔的构成条件，某项工程需在室外进行线缆铺设，但由于连续大雨造成承建方一直无法施工，开工日期比计划晚了 2 周（合同约定持续 1 周以内的天气异常不属于反常天气），达到了合同中特殊反常天气的约定条件，承包商可能得到延长工期，但得不到费用补偿。因此应选择 A。

参考答案

（56）A

试题（57）

某公司正在计划实施一项用于公司内部的办公自动化系统项目，由于该系统的实施涉及到公司很多内部人员，因此项目经理打算制定一个项目沟通管理计划，他应采取的第一个工作步骤是（57）。

（57）A．设计一份日程表，标记进行每种沟通的时间

　　　　B．分析所有项目干系人的信息需求

　　　　C．构建一个文档库并保存所有的项目文件

　　　　D．描述准备发布的信息

试题（57）分析

在日常实践中，沟通管理计划编制过程一般分为如下几个步骤：

① 确定干系人的沟通信息需求，即哪些人需要沟通，谁需要什么信息，什么时候需要以及如何把信息发出去。

② 描述信息收集和文件归档的机构。

③ 发送信息和重要信息的格式，主要指创建信息发送的档案；获得信息的访问方法。

根据上述沟通管理计划的一般编制过程，应选择 B。

参考答案

（57）B

试题（58）

召开会议就某一事项进行讨论是有效的项目沟通方法之一，确保会议成功的措施包括提前确定会议目的、按时开始会议等，___(58)___ 不是确保会议成功的措施。

（58）A．项目经理在会议召开前一天，将会议议程通过电子邮件发给参会人员

　　　　B．在技术方案的评审会中，某专家发言时间超时严重，会议主持人对会议进程进行控制

　　　　C．某系统验收会上，为了避免专家组意见太发散，项目经理要求会议主持人给出结论性意见

　　　　D．项目经理指定文档管理员负责会议记录

试题（58）分析

确保讨论会议成功的措施包括提前确定会议目的、提前进行会议准备、按时开始会议、把握会议的发言节奏、进行会议记录等能使会议组织好的措施。讨论会议的主要目的是让与会人员充分发表意见，按照程序形成结论，而不能提前给出结论性的意见。因此选择 C。

参考答案

（58）C

试题（59）

某项目组的小组长王某和程序员李某在讨论确定一个功能模块的技术解决方案时发生激烈争执，此时作为项目经理应该首先采用___(59)___的方法来解决这一冲突。

（59）A．请两人先冷静下来，淡化争议，然后在讨论问题时求同存异

　　　　B．帮助两人分析对错，然后解决问题

　　　　C．要求李某服从小组长王某的意见

　　　　D．请两人把当前问题搁置起来，避免争吵

试题（59）分析

冲突就是计划于现实之间的矛盾，由于王某和程序员李某已发生了激烈争执，首先

应该先平息俩人的争执，让他们冷静下来。由于是讨论问题，解决该冲突的核心还是要求同存异，在不能求同存异的情况下才能"要求李某服从小组长王某的意见"，而"请两人把当前问题搁置起来，避免争吵"可能解决冲突，但不能解决问题，是不可取的方法。而要想"帮助两人分析对错"必须先"请两人先冷静下来"，并且项目经理如果对该技术不是很有权威，帮助分析对错往往无法切中要害，不宜于解决冲突和问题。因此此选择 A。

参考答案

（59）A

试题（60）

以下关于采购工作说明书的叙述中，__(60)__ 是错误的。

（60）A．采购说明书与项目范围基准没有关系

　　　　B．采购工作说明书与项目的工作说明书不同

　　　　C．应在编制采购计划的过程中编写采购工作说明书

　　　　D．采购工作说明书定义了与项目合同相关的范围

试题（60）分析

对所购买的产品、成果、服务来说，采购工作说明书定义了与合同相关的部分项目范围。每个采购工作说明书来自于项目范围基准。工作说明书（SOW）是对项目所要提供的产品、成果或服务的描述。在一些应用领域中，对于一份采购工作说明书有具体的内容和格式要求。每一个单独的采购项需要一个工作说明书。然而，多个产品或服务也可以组成一个采购项，写在一个工作说明书里。

随着采购过程的进展，采购工作说明书可根据需要修订和更进一步明确。编制采购管理计划过程可能导致申请变更，从而可能会引发项目管理计划的相应内容和其他分计划的更新。

综上所述，可以分析得出，采购工作说明书与项目的工作说明书之间存在区别和联系。采购工作说明书不是一次编写完成的，编制采购管理计划的过程可能会引起采购工作说明书的变更，采购工作说明书定义了与合同相关的部分项目范围。每个采购说明书来自于项目的范围基准，与项目范围基准之间存在密切关系。因此应选择 A。

参考答案

（60）A

试题（61）

某项目建设内容包括机房的升级改造、应用系统的开发以及系统的集成等。招标人于 2010 年 3 月 25 日在某国家级报刊上发布了招标公告，并规定 4 月 20 日上午 9 时为投标截止时间和开标时间。系统集成单位 A、B、C 购买了招标文件。在 4 月 10 日，招标人发现已发售的招标文件中某技术指标存在问题，需要进行澄清，于是在 4 月 12 日以书面形式通知 A、B、C 三家单位。根据《中华人民共和国招标投标法》，投标文件截止日期和开标日期应该不早于__(61)__。

（61）A．5 月 5 日　　　　　　　　B．4 月 22 日
　　　　C．4 月 25 日　　　　　　　D．4 月 27 日

试题（61）分析

根据《中华人民共和国招标投标法》第二十三条规定：招标人对已发出的招标文件进行必要的澄清或者修改的，应当在招标文件要求提交投标文件截止时间至少十五日前，以书面形式通知所有招标文件收受人。该澄清或者修改的内容为招标文件的组成部分。招标单位在 4 月 12 日以书面形式通知 A、B、C 三家单位需要进行澄清的技术指标问题，投标文件截止日期和开标日期应该不早于 4 月 27 日。因此选择 D。

参考答案

（61）D

试题（62）

在评标过程中，_(62)_ 是不符合招标投标法要求的。

（62）A．评标委员会委员由 5 人组成，其中招标人代表 2 人，经济、技术专家 3 人

　　　　B．评标委员会认为 A 投标单位的投标文件中针对某项技术的阐述不够清晰，要求 A 单位予以澄清

　　　　C．某单位的投标文件中某分项工程的报价存在个别漏项，评标委员会认为个别漏项属于细微偏差，投标标书有效

　　　　D．某单位虽然按招标文件要求编制了投标文件，但是个别页面没有编制页码，评标委员会认为投标标书有效

试题（62）分析

评标由招标人依法组建的评委员会负责。依法必须进行招标的项目，其评标委员会由招标人的代表和有关技术、经济等方面的专家组成，评标委员会组成方式与专家资质将依据《中华人民共和国招投标法》有关条款来确定。

《中华人民共和国招投标法》第三十七条规定："依法必须进行招标的项目，其评标委员会由招标人的代表和有关技术、经济等方面的专家组成，成员人数为五人以上单数，其中技术、经济等方面的专家不得少于成员总数的三分之二。"

因此，"评标委员会委员由 5 人组成，其中招标人代表 2 人，经济、技术专家 3 人"不符合招投标法要求。应选 A。

参考答案

（62）A

试题（63）

某项采购已经到了合同收尾阶段，为了总结这次采购过程中的经验教训，以供公司内的其他项目参考借鉴，公司应组织 _(63)_。

（63）A．业绩报告　　　　　　　　B．采购评估

　　　　C．项目审查　　　　　　　　D．采购审计

试题（63）分析

对采购合同收尾使用的工具和技术有采购审计和合同档案管理系统，采购审计是对采购的过程进行系统的审查，除找出本次采购的成功失败之处外，还发现经验教训，以供公司内的其他项目参考借鉴。"采购评估"不是项目管理中的标准名词，而项目审查、业绩报告主要针对整个项目而不仅仅是采购，即使是指在采购中的业绩报告和项目审查，它们也没有"采购审计"表述准确和完整 。因此选择 D。

参考答案

（63）D

试题（64）

以下关于文档管理的描述中，（64）是正确的。

（64）A．程序源代码清单不属于文档

　　　　B．文档按项目周期角度可以分为开发文档和管理文档两大类

　　　　C．文档按重要性和质量要求可以分为正式文档和非正式文档

　　　　D．《软件文档管理指南》明确了软件项目文档的具体分类

试题（64）分析

GB/T 16680《软件文档管理指南》中指出：

文档定义：一种数据媒体和其上所记录的数据。它具有永久性并可以由人或机器阅读，通常仅用于描述人工可读的内容，例如技术文件、设计文件、版本说明文件等。

软件文档可分为三种类别：开发文档描述开发过程本身；产品文档描述开发过程的产物；管理文档记录项目管理的信息。

1. 开发文档

开发文档是描述软件开发过程包括软件需求、软件设计、软件测试，保证软件质量的一类文档，开发文档也包括软件的详细技术描述，程序逻辑、程序间相互关系、数据格式和存储等。

开发文档起到如下 5 种作用：

① 它们是软件开发过程中包含的所有阶段之间的通信工具，它们记录生成软件需求设计编码和测试的详细规定和说明。

② 它们描述开发小组的职责。通过规定软件、主题事项、文档编制、质量保证人员以及包含在开发过程中任何其他事项的角色来定义做什么、如何做和何时做。

③ 它们用作检验点而允许管理者评定开发进度。如果开发文档丢失、不完整或过时，管理者将失去跟踪和控制软件项目的一个重要工具。

④ 它们形成了维护人员所要求的基本的软件支持文档。而这些支持文档可作为产品文档的一部分。

⑤ 它们记录软件开发的历史。

2．产品文档

产品文档规定关于软件产品的使用、维护、增强、转换和传输的信息，产品的文档起到如下三种作用：

① 为使用和运行软件产品的任何人规定培训和参考信息。

② 使得那些未参加开发本软件的程序员维护它。

③ 促进软件产品的市场流通或提高可接受性。

3．管理文档

这种文档建立在项目管理信息的基础上，如：开发过程的每个阶段的进度和进度变更的记录；软件变更情况的记录；相对于开发的判定记录；职责定义，这种文档从管理的角度规定涉及软件生存的信息。

因此，程序源代码清单属于文档。

按照质量要求，文档可分为 4 个级别。正式文档（第 4 级）适合那些要正式发行供普遍使用的软件产品。关键性程序或具有重复管理应用性质如工资计算的程序需要第 4 级文档。因此"文档按重要性和质量要求可以分为正式文档和非正式文档"是正确的。因此选择 C。

参考答案

（64）C

试题（65）

配置识别是软件项目管理中的一项重要工作，它的工作内容不包括 (65)。

　　（65）A．确定需要纳入配置管理的配置项

　　　　　B．确定配置项的获取时间和所有者

　　　　　C．为识别的配置项分配唯一的标识

　　　　　D．对识别的配置项进行审计

试题（65）分析

配置识别的内容如下：

① 识别需要受控的软件配置项。

② 给每个产品和它的组件及相关的文档分配唯一标识。

③ 定义每个配置项的重要特征及识别其所有者。

④ 识别组件、数据及产品获取点和准则。

⑤ 建立和控制基线。

⑥ 维护文件和组件的修订与产品版本之间的关系。

其中不包括"对识别的配置项进行审计"，因此应选 D。

参考答案

（65）D

试题（66）

某开发项目配置管理计划中定义了三条基线，分别是需求基线、设计基线和产品基线，（66）应该是需求基线、设计基线和产品基线均包含的内容。

（66）A．需求规格说明书　　　　B．详细设计说明书

　　　　C．用户手册　　　　　　　D．概要设计说明书

试题（66）分析

软件需求是一个为解决特定问题而必须由被开发或被修改的软件展示的特性。因此，软件需求是软件配置控制的基础。软件设计、实现、测试和维护等所有软件开发生命周期中的活动所产生的产品都要建立与软件需求之间的追溯关系。通常，要唯一地标识软件需求，才能在整个软件生命周期中，进行软件配置控制。因此，需求基线、设计基线和产品基线必然要包括软件的需求，通常用需求规格说明书来表达软件需求。因此选择 A。

参考答案

（66）A

试题（67）

质量管理人员在安排时间进度时，为了能够从全局出发、抓住关键路径、统筹安排、集中力量，从而达到按时或提前完成计划的目标，可以使用（67）。

（67）A．活动网络图　　　　　　B．因果图

　　　　C．优先矩阵图　　　　　　D．检查表

试题（67）分析

优先矩阵图也被认为是矩阵数据分析法，与矩阵图法类似，它能清楚地列出数据的格子，将大量数据排列成阵列，能容易了解和看到它是一种定量分析问题的方法。

因果图是由日本管理大师石川馨先生发明推出的，又名石川图、鱼刺图。它是一种发现问题"根本原因"的方法，原本用于质量管理。

检查表通常用于收集反映事实的数据，便于改进检查表上记录着的可视内容，特点是容易记录数据并能自动分析这些数据。

活动网络图又称箭条图法、矢线图法，是网络图在质量管理中的应用。它是计划评审法在质量管理中的具体运用，使质量管理的计划安排具有时间进度内容的一种方法。可以达到从全局出发、抓住关键路径、统筹安排、集中力量，从而达到按时或提前完成计划的目标。因此选择 A。

参考答案

（67）A

试题（68）

排列图（帕累托图）可以用来进行质量控制是因为 (68)。

(68) A. 它按缺陷的数量多少画出一条曲线，反映了缺陷的变化趋势

B. 它将缺陷数量从大到小进行了排列，使人们关注数量最多的缺陷

C. 它将引起缺陷的原因从大到小排列，项目团队应关注造成最多缺陷的原因

D. 它反映了按时间顺序抽取的样本的数值点，能够清晰地看出过程实现的状态

试题（68）分析

帕累托图又叫排列图，是一种柱状图，按事件发生的频率排列而成，它显示由于某种原因引起的缺陷数量或不一致的排列顺序，是找出影响质量的主要因素的方法。帕累托图是直方图，用来确认问题和问题排序。

帕累托分析是确认造成系统质量问题的诸多因素中最为重要的几个因素。

帕累托分析也被称为 80-20 法则，意思是，80％的问题经常是由于 20％的原因引起的。它将引起缺陷的原因从大到小排列，项目团队应关注造成最多缺陷的原因。因此选择 C。

参考答案

(68) C

试题（69）

CMMI 所追求的过程改进目标不包括 (69)。

(69) A. 保证产品或服务质量

B. 项目时间控制

C. 所有过程都必须文档化

D. 项目成本最低

试题（69）分析

CMMI 是软件能力成熟度模型，该模型包含了从产品需求提出、设计、开发、编码、测试、交付运行到产品退役的整个生命周期中各个过程的各项基本要素，是过程改进的有机汇集，旨在为各类组织包括软件企业、系统集成企业等改进其过程和提高其对产品或服务的开发、采购以及维护的能力提供指导。它的过程改进目标为，第一个是保证产品或服务质量，第二个是项目时间控制，第三个是用最低的成本。

因此，CMMI 所追求的过程改进目标并不包括所有过程都必须文档化。应选择 C。

参考答案

(69) C

试题（70）

项目经理在进行项目质量规划时应设计出符合项目要求的质量管理流程和标准，由此而产生的质量成本属于 (70)。

（70）A．纠错成本　　　　　　　　B．预防成本

　　　　C．评估成本　　　　　　　　D．缺陷成本

试题（70）分析

纠错成本是为消除已发现的不合格所采取的措施而发生的成本。与预防成本的区别是不合格是否发生，故也可叫做缺陷成本。

评估成本指为使工作符合要求目标而进行检查和检验评估所付出的成本。

预防成本是指那些为保证产品符合需求条件，无产品缺陷而付出的成本。是采取预防措施防止不合格产品发生而产生的成本。项目经理在进行项目质量规划时应设计出符合项目要求的质量管理流程和标准，其目标就是制定措施，防止不合格的发生，由此而产生的质量成本属于预防成本。因此选择 B。

参考答案

（70）B

试题（71）

Project ＿（71）＿ is an uncertain event or condition that, if it occurs, has a positive or a negative effect on at least one project objective, such as time, cost, scope, or quality.

（71）A．risk　　　　　B．problem　　　　C．result　　　　D．data

试题（71）分析

风险是一个不确定因素或条件，如果它一旦发生，可能对至少一个项目目标，如项目进度、项目成本、项目范围或项目质量产生负面或正面的影响。选项 A 是风险，选项 B 是问题，选项 C 是结果，选项 D 是数据。根据项目风险定义，风险包括两方面含义：一是未实现目标；二是不确定性。因此应选择 A。

参考答案

（71）A

试题（72）

Categories of risk response are ＿（72）＿.

（72）A．Identification, quantification, response development, and response control

　　　　B．Marketing, technical, financial, and human

　　　　C．Avoidance, retention, control, and deflection

　　　　D．Avoidance, mitigation, acceptance, and transferring

试题（72）分析

应对风险就是采取什么样的措施和办法，跟踪和控制风险。

具体应对风险的基本措施一般为规避、减轻、接受、转移。

选项 A 是识别、量化、措施制定、措施控制，选项 B 是市场、技术、资金、人员，选项 C 是规避、保留、控制、偏离，选项 D 是规避、减轻、接受、转移。因此应选择 D。

参考答案

（72）D

试题（73）

　（73）is the application of planned, systematic quality activities to ensure that the project will employ all processes needed to meet requirements.

　　（73）A．Quality assurance (QA)　　　B．Quality planning
　　　　　　C．Quality control (QC)　　　　D．Quality costs

试题（73）分析

　　质量计划是质量管理的一部分，致力于制定质量目标，并规定必要的运行过程和相关资源以实现项目质量目标。

　　质量控制就是项目团队的管理人员采取有效措施，监督项目的具体实施结果，判断它们是否符合项目有关的质量标准，并消除产生不良结果原因的途径。

　　质量成本是指为满足质量要求所付出的主要成本。

　　质量保证是通过对质量计划的系统实施，确保项目需要的相关过程达到预期要求的质量活动。选项 A 是质量保证（QA），选项 B 是质量计划，选项 C 是质量控制（QC），选项 D 是质量成本。因此应选择 A。

参考答案

（73）A

试题（74）

　　（74）is primarily concerned with defining and controlling what is and is not included in the project.

　　（74）A．Project Time Management
　　　　　　B．Project Cost Management
　　　　　　C．Project Scope management
　　　　　　D．Project Communications Management

试题（74）分析

　　项目范围管理是项目管理（包括时间、成本、沟通）的基础。

　　项目范围管理是最先定义和决定项目中包含哪些内容和确定边界的。

　　选项 A 是项目时间管理，选项 B 是项目成本管理，选项 C 是项目范围管理，选项 D 是项目沟通管理，因此应选择 C。

参考答案

（74）C

试题（75）

　　A project manager believes that modifying the scope of the project may provide added value service for the customer. The project manager should（75）.

（75）A．assign change tasks to project members

　　　　B．call a meeting of the configuration control board

　　　　C．change the scope baseline

　　　　D．postpone the modification until a separate enhancement project is funded after this project is completed according to the original baseline

试题（75）分析

项目经理认为调整项目范围可以给客户提供增值的服务，项目经理应该怎么做。

选项 A 是安排任务变更到项目成员，选项 B 是召集变更控制委员会会议，选项 C 是变更项目基线，选项 D 是按照原先的基线，在确定完成一项改进项目会得到客户的相应资金前，暂缓修改。

由于是在原内容基础上增加增值服务内容，超出原先范围，应先确定客户认可和增加新资金，因此应选择 D。

参考答案

（75）D

第6章 2010上半年系统集成项目管理工程师 下午试题分析与解答

试题一（25分）

阅读下面说明，回答问题1至问题3，将解答填入答题纸的对应栏内。

【说明】

某网络建设项目在商务谈判阶段，建设方和承建方鉴于以前有过合作经历，并且在合同谈判阶段双方都认为理解了对方的意图，因此签订的合同只简单规定了项目建设内容、项目金额、付款方式和交工时间。

在实施过程中，建设方提出一些新需求，对原有需求也做了一定的更改。承建方项目组经评估认为新需求可能会导致工期延迟和项目成本大幅增加，因此拒绝了建设方的要求，并让此项目的销售人员通知建设方。当销售人员告知建设方不能变更时，建设方对此非常不满意，认为承建方没有认真履行合同。

在初步验收时，建设方提出了很多问题，甚至将曾被拒绝的需求变更重新提出，双方交涉陷入僵局。建设方一直没有在验收清单上签字，最终导致项目进度延误，而建设方以未按时交工为由，要求承建方进行赔偿。

【问题1】（7分）

将以下空白处填写的恰当内容，写入答题纸的对应栏内。

（1）在该项目实施过程中_____、_____与 _____工作没有做好。

① 沟通管理　　　　　② 配置管理　　　　　③ 质量管理
④ 范围管理　　　　　⑤ 绩效管理　　　　　⑥ 风险管理

（2）从合同管理角度分析可能导致不能验收的原因是：合同中缺少_____、_____、_____ 的相关内容。

（3）对于建设方提出的新需求，项目组应_____，以便双方更好地履行合同。

【问题2】（4分）

将以下空白处应填写的恰当内容，写入答题纸的对应栏内。

从合同变更管理的角度来看，项目经理应当遵循的原则和方法如下：

（1）合同变更的处理原则是_____。

（2）变更合同价款应按下列方法进行：

① 首先确定_____，然后确定变更合同价款。

② 若合同中已有适用于项目变更的价格，则按合同已有的价格变更合同价款。

③ 若合同中只有类似于项目的变更价格，则可以参照类似价格变更合同价款。

④ 若合同中没有适用或类似项目变更的价格，则由_____提出适当的变更价格，经_____确认后执行。

【问题3】（4分）

为了使项目通过验收，请简要叙述作为承建方的项目经理，应该如何处理。

试题一分析

本题考查项目合同管理、变更管理、范围管理、沟通管理等相关理论与实践，并偏重于在实践中的应用。从题目的说明中，可以初步分析出以下一些信息：

（1）合同签订比较随意，说明该项目的合同管理存在一定的问题。只规定了项目建设内容、项目金额、付款方式和交工时间这些合同里面必不可少的组成部分，因此可能会遗漏一些对于项目执行和验收活动至关重要的保障性条款。

（2）在项目实施过程中，对于变更的处理存在一定问题。当客户提出变更请求时，项目组按照变更控制流程的要求进行了影响评估，这种做法是没有问题的，但评估之后的结果及处理方式不恰当，不能在没有跟客户进行沟通的情况下就直接拒绝客户的要求，同时，项目组应当直接与客户进行沟通，不应该由销售人员来转达。

（3）当销售人员转达了项目组的意思后，客户已经表示了不满的情绪，但对于该项目组来说并没有采取进一步的措施，也表明项目的沟通管理存在严重的问题。

（4）初步验收的时候客户提出问题，并且迟迟不肯签字，也是由于之前的沟通不到位，客户关系不够融洽造成的后果。

从以上的分析我们可以看出，试题一强调的是各范畴的管理理论在项目实践中的应用，考生在考试时并不能只是光注重理论体系，而是要有一定的项目经验，了解项目中的一些正确的实施方法。

【问题1】

（1）这是一道填空题，通过上面的分析，可以得到正确答案。

（2）要求考生了解合同中应包含的内容，具体可参见《教程》的合同管理一章。

（3）这道题实际考查的是变更管理中对于变更需求提出的正确处理方式。

【问题2】

主要考查合同管理中关于合同变更的实际处理过程。

【问题3】

要求回答作为项目经理应该采取哪些应对措施解决遇到的问题。考生可以参照上面分析的结果，给出相应的解决措施。

参考答案

【问题1】

（1）①沟通管理　　④范围管理　　⑥ 风险管理（回答编号或术语都可以，顺序不限）

（2）项目范围（或需求）、验收标准（或验收步骤、或验收方法）、违约责任及判定（顺序不限）

（3）与建设方正式协商（或沟通）后，就项目的后续执行达成一致（只要答出沟通和协商即可得分）

【问题2】

（1）公平合理

(2)① 合同变更量清单（或合同变更范围、合同变更内容）

④ 承包人（或承建单位）、 监理工程师（或业主，或建设单位）

【问题 3】

1．对双方的需求（项目范围）做一次全面的沟通和说明，达成一致，并记录下来，请建设方签字确认。

2．就完成的工作与建设方沟通确认，并请建设方签字。

3．就待完成的工作列出清单，以便完成时请建设方确认。

4．就合同中的验收标准、步骤和方法与建设方协商一致。

5．必要时可签署一份售后服务承诺书，将此项目周期内无法完成的任务做一个备忘，承诺在后续的服务期内完成，先保证项目能按时验收。

6．对于建设方提出的新需求，可与建设方协商进行合同变更，或签订补充合同。

试题二（25 分）

阅读下面说明，回答问题 1 至问题 3，将解答填入答题纸的对应栏内。

【说明】

某系统集成公司选定李某作为系统集成项目 A 的项目经理。李某针对 A 项目制定了 WBS，将整个项目分为 10 个任务，这 10 个任务的单项预算如下表。

序号	工作活动	预算费用（PV）（万元）	序号	工作活动	预算费用（PV）（万元）
1	任务 1	3	6	任务 6	4
2	任务 2	3.5	7	任务 7	6.4
3	任务 3	2.4	8	任务 8	3
4	任务 4	5	9	任务 9	2.5
5	任务 5	4.5	10	任务 10	1

到了第四个月月底的时候，按计划应该完成的任务是：1、2、3、4、6、7、8，但项目经理李某检查发现，实际完成的任务是：1、2、3、4、6、7，其他的工作都没有开始，此时统计出来花费的实际费用总和为 25 万元。

【问题 1】（6 分）

请计算此时项目的 PV、AC、EV（需写出计算过程）。

【问题 2】（4 分）

请计算此时项目的绩效指数 CPI 和 SPI（需写出公式）。

【问题 3】（5 分）

请分析该项目的成本、进度情况，并指出可以在哪些方面采取措施以保障项目的顺利进行。

试题二分析

本题主要考查的是成本控制中挣值分析的方法和应用。

挣值分析是成本控制的方法之一，核心是将已完成的工作的预算成本（挣值）按其计划的预算值进行累加获得的累加值与计划工作的预算成本（计划值）和已经完成工作的实际成本（实际值）进行比较，根据比较的结果得到项目的绩效情况。

【问题1】

根据 PV、EV、AC 的概念可得到这三个数值。

PV：到既定时间点前计划完成活动或 WBS 组件工作的预算成本。本题目中给出"到了第四个月月底的时候，按计划应该完成的任务是：1、2、3、4、6、7、8"，因此 PV 应该是 1、2、3、4、6、7、8 活动计划值的累加。

AC：在既定时间段内实际完成工作发生的实际费用。题目中给出"此时统计出来花费的实际费用总和为 25 万元"，因此 AC 为 25 万元。

EV：在既定时间段内实际完成工作的预算成本。题目中给出"实际完成的任务是：1、2、3、4、6、7"，因此 AC 应该为 1、2、3、4、6、7 活动计划值的累加。

【问题2】

需要掌握 CPI 和 SPI 的计算公式以及含义。

CPI 叫做成本绩效指数，CPI= EV / AC，CPI 值小于 1 表示实际成本超出预算，CPI 大于 1 表示实际成本低于预算。

SPI 叫做进度绩效指数，SPI = EV / PV，SPI 值小于 1 表示实际进度落后于计划进度，SPI 值大于 1 表示实际进度提前于计划进度。

【问题3】

根据问题 2 中计算出的 CPI 和 SPI 值分析实际项目的情况，并根据项目的实际情况提出相应的解决措施。

参考答案

【问题1】

PV=3+3.5+2.4+5+4+6.4+3=27.2

AC=25

EV=3+3.5+2.4+5+4+6.4=24.2

【问题2】

CPI=EV/AC=24.2/25=96.8%

SPI=EV/PV=24.2/27.2=89%

【问题3】

进度落后，成本超支。

措施：用高效人员替换低效率人员，加班（或赶工），或在防范风险的前提下并行施工（快速跟进）。

试题三（15 分）

阅读下面说明，回答问题 1 至问题 3，将解答填入答题纸的对应栏内。

【说明】

王某是某管理平台开发项目的项目经理。王某在项目启动阶段确定了项目组的成员，并任命程序员李工兼任质量保证人员。李工认为项目工期较长，因此将项目的质量检查时间定为每月 1 次。项目在实施过程中不断遇到一些问题，具体如下：

事件 1：项目进入编码阶段，在编码工作进行了 1 个月的时候，李工按时进行了一次质量检查，发现某位开发人员负责的一个模块代码未按公司要求的编码规范编写，但是此时这个模块已基本开发完毕，如果重新修改势必影响下一阶段的测试工作。

事件 2：李工对这个开发人员开具了不符合项报告，但开发人员认为并不是自己的问题，而且修改代码会影响项目进度，双方一直未达成一致，因此代码也没有修改。

事件 3：在对此模块的代码走查过程中，由于可读性较差，不但耗费了很多的时间，还发现了大量的错误。开发人员不得不对此模块重新修改，并按公司要求的编码规范进行修正，结果导致开发阶段的进度延误。

【问题 1】（5 分）

请指出这个项目在质量管理方面可能存在哪些问题？

【问题 2】（6 分）

质量控制的工具和技术包括哪六项？（从以下候选项中选择，将相应的编号写入答题纸的对应栏内）

A．同行评审　　　　B．挣值分析　　　C．测试　　　　D．控制图
E．因果图　　　　　F．流程图　　　　G．成本效益分析　H．甘特图
I．帕累托图（排列图）J．决策树分析　　K．波士顿矩阵图

【问题 3】（4 分）

作为此项目的质量保证人员，在整个项目中应该完成哪些工作？

试题三分析

本题主要考查如何实施项目的质量管理工作。质量管理工作对于一个项目来说是至关重要的，但在很多项目中质量管理并不是系统地、有计划地来执行的，经常处于一种救火的状态，还有人认为质量管理就是为了找错的。事实上，质量管理活动应该是有计划、有目标、有流程规范的一系列活动。

通过仔细阅读题目说明，可分析如下：

（1）李工原来是程序员，并且在项目中兼任质量管理人员，一方面没有质量保证经验，另外一方面质量管理人员一般来说应该独立于项目组，否则无法保证质量检查工作的客观性。

（2）李工将检查时间定为每月一次也是不妥的，因为在一个月之内可能会发生很多活动，而有些活动是应该在执行过程中被检查的，等到完成再检查就来不及了。正确的做法是按照项目计划制定出质量管理计划，然后按照质量管理计划具体实施。

（3）李工发现问题时，未能与当事人达成一致，他应该按问题上报流程处理，而不是放任不管。

（4）编码人员没有按照公司的编码规范来编码，这一点是不对的，但究其原因可能是公司或项目没有对项目组提供有效的培训造成的。

【问题1】

通过上述分析，总结出造成项目失控的原因。

【问题2】

质量管理的工具和技术有很多，具体可参见《教程》项目质量管理一章。

【问题3】

本问题主要考查的是项目中的质量管理工作有哪些？

参考答案

【问题1】

1．项目经理用人错误，李工没有质量保证经验。

2．没有制定合理的质量管理计划，检查频率的设定有问题。

3．应加强项目过程中的质量控制或检查，不能等到工作产品完成后才检查。

4．李工发现问题的处理方式不对。QA发现问题应与当事人协商，如果无法达成一致要向项目经理或更高级别的领导汇报，而不能自作主张。

5．在质量管理中，没有与合适的技术手段相结合。

6．对程序员在质量意识和质量管理方面的培训不足。

【问题2】

A, C, D, E, F, I

【问题3】

1．计划阶段制定质量管理计划和相应的质量标准。

2．按计划实施质量检查，检查是否按标准过程实施项目工作。注意项目过程中的质量检查，在每次进行检查之前准备检查清单（checklist），并将质量管理相关情况予以记录。

3．依据检查的情况和记录，分析问题，发现问题，与当事人协商进行解决。问题解决后要进行验证；如果无法与当事人达成一致，应报告项目经理或更高层领导，直至问题解决。

4．定期给项目干系人发质量报告。

5．为项目组成员提供质量管理要求方面的培训或指导。

试题四（15分）

阅读下面说明，回答问题1至问题3，将解答填入答题纸的对应栏内。

【说明】

老陆是某系统集成公司资深项目经理，在项目建设初期带领项目团队确定了项目范围。后因工作安排太忙，无暇顾及本项目，于是他要求：

（1）本项目各小组组长分别制定组成项目管理计划的子计划；

（2）本项目各小组组长各自监督其团队成员在整个项目建设过程中子计划的执行情况；

（3）项目组成员坚决执行子计划，且原则上不允许修改。

在执行三个月以后，项目经常出现各子项目间无法顺利衔接，需要大量工时进行返工等问题，目前项目进度已经远远滞后于预定计划。

【问题 1】（4 分）

请简要分析造成项目目前状况的原因。

【问题 2】（6 分）

请简要叙述项目整体管理计划中应包含哪些内容？

【问题 3】（5 分）

为了完成该项目，请从整体管理的角度说明老陆和公司可采取哪些补救措施？

试题四分析

本题主要考查考生如何制定项目计划以及项目管理计划包含的内容。

项目管理计划是一个整体计划，它明确了如何执行、监督、监控以及如何收尾项目。除了进度计划和项目预算外，项目管理计划可以是概要的或详细的，并且可以包括一个或多个分计划。

项目计划的编制是一个逐步细化的过程，一般编制项目计划的大致过程如下：

（1）明确项目目标和阶段目标。

（2）成立初步的项目团队。

（3）工作准备与信息收集，尽可能全面地收集项目信息。

（4）依据标准、模板编写初步的概要项目计划。

（5）编写范围、质量、进度、预算等分计划。

（6）把上述分计划纳入项目计划，然后对项目计划进行综合平衡、优化。

（7）项目经理负责组织编写项目计划，项目计划应包括计划主体和以附件形式存在的其他相关分计划。

（8）评审与批准项目计划。

（9）获得批准后的项目计划就成为了项目的基准计划。

通过对题目说明的详细阅读和分析，可以找到如下的问题：

（1）老陆在项目计划阶段没有参与项目计划的制定，也没有把各子计划综合起来形成整体的项目管理计划。

（2）项目小组各自只管自己的子计划，没有相互之间的沟通，并且项目计划没有经过评审。这样各小组之间的计划无法协调一致，势必会影响整体项目工作。

（3）老陆规定计划不允许变更，这样，当计划不适合指导项目实施的时候无法及时的纠正错误。

（4）老陆要求各小组长监督其成员在整个项目过程中子计划的执行情况，这一点也是不妥的，作为整个项目的项目经理，他应该承担起项目监控的职责，而不是完全放权给下面的人。

【问题 1】

通过上面找出的问题，给出相应的原因，并总结整理成答案。

【问题 2】

本问题考查的是项目计划的主要内容，相关要点参见《教程》的项目整体管理一章。

【问题 3】

根据问题 1 中找出的原因，结合考生自己的项目管理经验，给出补救措施。

参考答案

【问题 1】

1．项目缺少整体计划。本案例中的做法只完成了项目管理计划中的子计划，并没有形成真正的项目整体管理计划，即确定、综合与协调所有子计划所需要的活动，并形成文件。

2．项目缺少整体的报告和监控机制，各项目小组各自为政。

3．项目缺少整体变更控制流程和机制。管理计划本身是通过变更控制过程进行不断更新和修订的，不允许修改是不切合实际的。

【问题 2】

1．所使用的项目管理过程。

2．每个特定项目管理过程的实施程度。

3．完成这些项目的工具和技术的描述。

4．选择的项目的生命周期和相关的项目阶段。

5．如何用选定的过程来管理具体的项目。包括过程之间的依赖与交互关系和基本的输入输出等。

6．如何执行流程来完成项目目标。

7．如何监督和控制变更。

8．如何实施配置管理。

9．如何维护项目绩效基线的完整性。

10．与项目干系人进行沟通的要求和技术。

11．为项目选择的生命周期模型。对于多阶段项目，要包括所定义阶段是如何划分的。

12．为了解决某些遗留问题和未定的决策，对于其内容、严重程度和紧迫程度进行的关键管理评审。

【问题 3】

1．建立整体管理机制。老陆应分配更多的精力来进行项目管理，或由其他合适的人员来承担整体管理的工作。

2．理清各子项目组目前的工作状态。例如其工作进度、成本、资源配置等。

3．重新定义项目的整体管理计划，并与各子项目计划建立明确关联。

4．按照计划要求，重新进行资源平衡。

5．建立或加强项目的沟通、报告和监控机制。

6．加强项目的整体变更控制。

试题五（15 分）

阅读下面说明，回答问题 1 至问题 3，将解答填入答题纸的对应栏内。

【说明】

有多年开发经验的赵工被任命为某应用软件开发项目的项目经理，客户要求 10 个月完成项目。项目组包括开发、测试人员共 10 人，赵工兼任配置管理员的工作。

按照客户的初步需求，赵工估算了工作量，发现工期很紧。因此，赵工在了解客户的部分需求之后，就开始对这部分需求进行设计和开发工作。

在编码阶段，赵工发现需求文件还在不断修改，形成了多个版本，设计文件不知道该与哪一版本的需求文件对应，而代码更不知道对应哪一版本的需求和设计文件。同时，客户仍在不断提出新的需求，有些很细微的修改，开发人员随手就改掉了。

到了集成调试的时候，发现错误非常多。由于需求、设计和代码的版本对应不上，甚至搞不清楚是需求、设计还是编码的错误。眼看进度无法保证，项目团队成员失去了信心。

【问题 1】（5 分）

请从项目管理和配置管理的角度分析造成项目失控的原因。

【问题 2】（5 分）

以下左侧表格中是配置管理的基本概念，右侧表格是有关这些概念的论述，请在答题纸上用直线将左侧表格与右侧表格里的对应项连接起来。

	用于控制工作产品，包括存储媒体、规程和访问的工具
配置项	是配置管理的前提，它的组成可能包括交付客户的产品、内部工作产品、采购的产品或使用的工具等
基线	
配置管理系统	可看做是一个相对稳定的逻辑实体，其组成部分不能被任何人随意修改
配置状态报告	记录配置项有关的所有信息，存放受控的配置项
配置库	能够及时、准确地给出配置项的当前状况，加强配置管理工作

【问题 3】（5 分）

请说明正常的配置管理工作包括哪些活动？

试题五分析

本题主要考查配置管理在项目过程中的应用。

配置管理是为了系统的控制配置变更，在项目的整个生命周期中维持配置的完整性和可跟踪性，而标识系统在不同时间点上的配置的学科。本项目是一个软件开发的项目，软件的配置管理包括的主要活动有配置识别、变更控制、状态报告和配置审计，在实施配置管理活动前要制定配置管理计划。

从题目的说明出发，对本题进行分析，可得到如下的结论：

（1）赵工具有多年的开发经验，但说明中并没有给出他具有一定的项目管理经验，因此这一点可能是造成项目失控的原因。

（2）赵工兼任配置管理工作，有过项目经验的人一般会知道，有 10 个开发人员参与的近一年的软件开发项目是有一定规模的，其中的配置管理工作非常琐碎，作为一个项目经理本身工作就很繁忙，因此赵工身兼二职是不现实的，这也是造成项目失控的原因之一。

（3）需求文件与设计文件对应不上，这一方面是由于没有做好版本管理工作，另一方面也是由于项目中没有建立相应的基线造成的。

（4）客户提出的新需求，开发人员随手就改掉了，说明没有进行有效的变更控制。

【问题1】

通过上面分析的一些结论，再结合题目中给出的其他描述，可基本总结出正确答案。

【问题2】

本问题考查的是配置管理中的基本概念的含义，具体内容可参见《教程》中信息（文档）和配置管理一章。

【问题3】

本问题考查的是配置管理的基本活动（过程），可参见《教程》中信息（文档）和配置管理一章。

参考答案

【问题1】

1．赵工没有项目管理经验，不适合任项目经理的职位。

2．项目经理兼任配置管理员，精力不够，无法完成配置管理工作。

3．赵工的项目范围管理有问题。

4．版本管理没有做好。

5．项目中没有建立基线，导致需求、设计、编码无法对应。

6．没有做好变更管理。

【问题2】

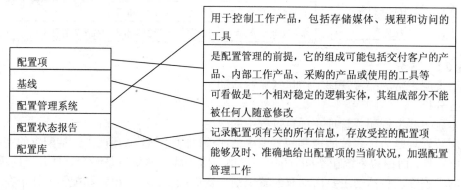

【问题3】

制定配置管理计划，配置项识别，报告配置状态，进行配置审核，版本管理和发行管理，实施配置变更控制。

第7章　2010下半年系统集成项目管理工程师上午试题分析与解答

试题（1）

以下 (1) 不属于系统集成项目。

(1) A. 不包含网络设备供货的局域网综合布线项目

　　B. 某信息管理应用系统升级项目

　　C. 某软件测试实验室为客户提供的测试服务项目

　　D. 某省通信骨干网的优化设计项目

试题（1）分析

系统集成是指将计算机软件、硬件、网络通信等技术和产品集成为能够满足用户特定需求的信息系统，包括策划、设计、开发、实施、服务及保障。

系统集成主要包括设备系统集成和应用系统集成。设备系统集成，也可称为硬件系统集成，在大多数场合简称系统集成，或称为弱电系统集成，以区分于几点设备安装类的强电集成。设备系统集成业也可分为职能建筑系统集成、计算机网络系统集成、安防系统集成等。

由系统集成的定义和分类可知，选项A、D属于设备系统集成项目，选项B属于应用系统集成项目，选项C不符合系统集成的定义，因此应选C。

参考答案

(1) C

试题（2）

关于计算机信息系统集成企业资质，下列说法错误的是 (2) 。

(2) A. 计算机信息系统集成的资质是指从事计算机信息系统集成的综合能力，包括技术水平、管理水平、服务水平、质量保证能力、技术装备、系统建设质量、人员构成与素质、经营业绩、资产状况等要素

　　B. 工业和信息化部负责计算机信息系统集成企业资质认证管理工作，包括指定和管理资质认证机构、发布管理办法和标准、审批和发布资质认证结果

　　C. 企业已获得的系统集成企业资质证书在有效期满后默认延续

　　D. 在国外注册的企业目前不能取得系统集成企业资质证书

试题（2）分析

《计算机信息系统集成资质管理办法（试行）》（信部规【1999】1047号文）有如下的相关规定：

第三条　计算机信息系统集成的资质是指从事计算机信息系统集成的综合能力，包

括技术水平、管理水平、服务水平、质量保证能力、技术装备、系统建设质量、人员构成与素质、经营业绩、资产状况等要素。

第六条　信息产业部负责计算机信息系统集成资质认证管理工作，包括指定和管理资质认证机构、发布管理办法和标准、审批和发布资质认证结果。

第十九条　《资质证书》有效期为四年。获证单位应每年进行一次自查，并将自查结果报资质认证工作办公室备案；资质认证工作办公室对获证单位每两年进行一次年检，每四年进行一次换证检查和必要的非例行监督检查。

《计算机信息系统集成资质管理办法（试行）》（信部规【1999】1047号文）暂时适用于中国注册的企业。

通过以上规定可知，选项 C 的说法是错误的，符合题干要求，因此应选 C。

参考答案

（2）C

试题（3）

某计算机系统集成二级企业注册资金 2500 万元，从事软件开发与系统集成相关工作的人员共计 100 人，其中项目经理 15 名，高级项目经理 10 名。该企业计划明年申请计算机信息系统集成一级企业资质，为了符合评定条件，该企业在注册资金、质量管理体系或人员方面必须完成的工作是　(3)　。

（3）A．注册资金增资

　　　B．增加从事软件开发与系统集成相关工作的人员数

　　　C．增加高级项目经理人数

　　　D．今年通过 CMMI 4 级评估

试题（3）分析

信息产业部于 2000 年 9 月发布《关于发布计算机信息系统集成资质等级评定条件的通知》（信部规【2000】821 号文），于 2003 年 10 月颁布了《关于发布计算机信息系统集成资质等级评定条件（修定版）的通知》（信部规【2003】440 号文）。根据"信部规【2003】440 号文"，一级资质企业在注册资本、人员和项目经理方面分别要满足的条件如下：

企业产权关系明确，注册资金 2000 万元以上，从事软件开发与系统集成相关工作的人员不少于 150 人，具有计算机信息系统集成项目经理人数不少于 25 名，其中高级项目经理人数不少于 8 名。

由此可知，该企业的注册资金额、项目经理和高级项目经理数量符合一级资质企业的评定条件，而从事软件开发与系统集成相关工作的人员数量不符合一级资质企业的评定条件，需要增加从事软件开发与系统集成相关工作的人员数，因此应选 B。

参考答案

（3）B

试题（4）

计算机信息系统集成企业资质的三、四级证书应 (4) 。

(4) A. 由工业和信息化部印制，由各省市系统集成企业资质主管部门颁发

B. 由各省市系统集成企业资质主管部门印制，由工业和信息化部颁发

C. 由工业和信息化部认定的部级资质评审机构印制和颁发

D. 由工业和信息化部认定的地方资质评审机构印制和颁发

试题（4）分析

根据《计算机信息系统集成资质管理办法（试行）》（信部规【1999】1047 号文），申请三、四级资质的单位将申报材料提交到各省（市、自治区）信息产业主管部门，由各省（市、自治区）信息产业主管部门所属的资质认证机构组织资质评审后，将评审结果报部资质认证工作办公室。资质认证工作办公室将资质评审结果报请信息产业部审批后，由省（市、自治区）信息产业主管部门颁发《资质证书》。

因此，应选 A。

参考答案

（4）A

试题（5）

信息系统工程监理要遵循"四控，三管，一协调"进行项目监理，下列 (5) 活动属于"三管"范畴。

(5) A. 监理单位对系统性能进行测试验证

B. 监理单位定期检查、记录工程的实际进度情况

C. 监理单位应妥善保存开工令、停工令

D. 监理单位主持的有建设单位与承建单位参加的监理例会、专题会议

试题（5）分析

监理活动的内容被概括为"四控、三管、一协调"。

（1）四控

信息系统工程质量控制；信息系统工程进度控制；信息系统工程投资控制；信息系统工程变更控制。

（2）三管

信息系统工程合同管理；信息系统工程信息管理；信息系统工程安全管理。

（3）一协调

在信息系统工程实施过程中协调有关单位及人员间的工作关系。

根据上述定义，选项 A 属于信息系统工程质量质量控制；选项 B 属于信息系统工程进度控制；选项 C 属于信息系统工程信息管理；选项 D 属于在信息系统工程实施过程中协调有关单位及人员间的工作关系。

信息系统工程信息管理是"三管"的内容之一，因此应选 C。

参考答案

（5）C

试题（6）

为了保证信息系统工程项目投资、质量、进度及效果各方面处于良好的可控状态，我国在信息系统项目管理探索过程中逐步形成了自己的信息系统服务管理体系，目前该体系中不包括 (6) 。

（6）A．信息系统工程监理单位资质管理

　　　B．IT 基础设施库资质管理

　　　C．信息系统项目经理资格管理

　　　D．计算机信息系统集成单位资质管理

试题（6）分析

为了保证信息系统工程项目投资、质量、进度及效果各方面处于良好的可控状态，我国在针对出现的问题不断采取相应措施的探索过程中，逐步形成了我们的信息系统服务管理体系。当前我国信息系统服务管理的主要内容如下：

- 计算机信息系统集成单位资质管理；
- 信息系统项目经理资格管理；
- 信息系统工程监理单位资质管理；
- 信息系统工程监理人员资格管理。

上述主要内容中不包括 IT 基础设施库资质管理，因此，应选 B。

参考答案

（6）B

试题（7）

在软件需求规格说明书中，有一个需求项的描述为："探针应以最快的速度响应气压值的变化"。该需求项存在的主要问题是不具有 (7) 。

（7）A．可验证性　　　B．可信性　　　C．兼容性　　　D．一致性

试题（7）分析

软件需求是一个为解决特定问题而必须由被开发或被修改的软件展示的特性。所有软件需求的一个基本特性就是可验证性。软件需求和软件质保人员都必须保证，在现有资源约束下，需求可以被验证。

在需求项"探针应以最快的速度响应气压值的变化"中，没有定量地阐述探针响应气压值变化的速度，在现有资源约束下不具有可验证性。因此应选 A。

参考答案

（7）A

试题（8）

UML 中的用例和用例图的主要用途是描述系统的 (8) 。

(8) A．功能需求　　　　　　　B．详细设计

　　 C．体系结构　　　　　　　D．内部接口

试题（8）分析

UML（Unified Modeling Language，统一建模语言）是用来对软件密集系统进行可视化建模的一种语言。UML 的重要内容可以由 5 类图（共 9 种图形）来定义，其中的第一类是用例图，从用户角度描述系统功能，并指出各功能的操作者。

因此，用例图描述的是系统的功能，即功能需求，所以应选 A。

参考答案

(8) A

试题（9）

程序员小张在某项目中编写了源代码文件 X 的 0.1 版（以下简称 Xv0.1）。随后的开发中小张又修改了 Xv0.1，得到文件 X 的 1.0 版（以下简称 Xv1.0）。经过正式评审后，Xv1.0 被纳入基线进行配置管理。下列后续活动中符合配置管理要求的是 (9) 。

(9) A．文件 Xv1.0 进入基线后，配置管理员小李从配置库中删除了文件 Xv0.1

　　 B．程序员小张被赋予相应的权限，可以直接读取受控库中的文件 Xv1.0

　　 C．小张直接对 Xv1.0 进行了变更，之后通知了项目经理

　　 D．经过变更申请、变更评估并决定实施变更后，变更实施人完成了变更，随后立即发布了变更，在第一时间内将变更内容和结果通知所有相关人员

试题（9）分析

配置管理是为了系统的控制配置变更，在系统的整个生命周期中维持配置的完整性和可跟踪性，而标识系统在不同时间点上配置的学科。

一组拥有唯一标识号的需求、设计、源代码文档以及相应的可执行代码、构造文件和用户文档构成一条基线。基线一经放行，就可以作为从配置管理系统检索源代码文件（配置项）和生成可执行文件的工具。在建立基线之前，工作产品的所有者能快速、非正式地对工作产品作出变更。但基线建立之后，变更要通过评价和验证变更的正式程序来控制。

所有配置项都应按照相关规定统一编号，按照相应的模板生成，并在文档中的规定章节（部分）记录对象的标识信息。在引入软件配置管理工具进行管理后，这些配置项都应以一定的目录结构保存在配置库中。所有配置项的操作权限应由 CMO（配置管理员）严格管理，基本原则是：基线配置项向软件开发人员开放读取的权限；非基线配置项向 PM、CCB 及相关人员开放。

选项 A 中，配置管理员的行为不符合配置管理中的版本追踪原则。选项 C 和选项 D 中，对基线的变更未遵循正式的程序或缺少验证确认环节。因此正确答案应选 B。

参考答案

（9）B

试题（10）

某程序由相互关联的模块组成，测试人员按照测试需求对该程序进行了测试。出于修复缺陷的目的，程序中的某个旧模块被变更为一个新模块。关于后续测试，（10）是不正确的。

（10）A．测试人员必须设计新的测试用例集，用来测试新模块

　　　　B．测试人员必须设计新的测试用例集，用来测试模块的变更对程序其他部分的影响

　　　　C．测试人员必须运行模块变更前原有测试用例集中仍能运行的所有测试用例，用来测试程序中没有受到变更影响的部分

　　　　D．测试人员必须从模块变更前的原有测试用例集中排除所有不再适用的测试用例，增加新设计的测试用例，构成模块变更后程序的测试用例集

试题（10）分析

回归测试是指修改了旧代码后，重新进行测试以确认修改没有引入新的错误或导致其他代码产生错误。在给定的预算和进度下，尽可能有效率地进行回归测试，需要对测试用例库进行维护并依据一定的策略选择相应的回归测试包。对测试用例库的维护通常包括删除过时的测试用例、改进不受控制的测试用例、删除冗余的测试用例、增添新的测试用例等。在软件生命周期中，即使一个得到良好维护的测试用例库也可能变得相当大，这使每次回归测试都重新运行完整的测试包变得不切实际，时间和成本约束可能阻碍运行这样一个测试，有时测试组不得不选择一个缩减的回归测试包来完成回归测试。

上述回归测试的基本概念说明，修改了旧代码之后所进行的回归测试不一定要重新运行原有测试用例集中仍能运行的所有测试用例，可以在其中选择一个缩减的回归测试包来完成回归测试，因此选项 D 的说法是不正确的，应选择 D。

参考答案

（10）D

试题（11）

在几种不同类型的软件维护中，通常情况下（11）所占的工作量最大。

（11）A．更正性维护　　　　　B．适应性维护

　　　　C．完善性维护　　　　　D．预防性维护

试题（11）分析

可以将软件维护定义为需要提供软件支持的全部活动。软件维护包括如下类型。

- 更正性维护：软件产品交付后进行的修改，以更正发现的问题。
- 适应性维护：软件产品交付后进行的修改，以保持软件产品能在变化后或变化中的环境中可以继续使用。

- 完善性维护：软件产品交付后进行的修改，以改进性能和可维护性。
- 预防性维护：软件产品交付后进行的修改。

其中，完善性维护是软件维护的主要类型。根据对软件开发机构调查的结果，各类维护活动所占比重最大的是完善性维护。因此，应选 C。

参考答案

（11）C

试题（12）

根据《软件工程—产品质量 第 1 部分：质量模型 GB/T 16260.1—2006》，软件产品的使用质量是基于用户观点的软件产品用于指定的环境和使用周境（contexts of use）时的质量，其中 (12) 不是软件产品使用质量的质量属性。

（12）A．有效性　　　　B．可信性　　　　C．安全性　　　　D．生产率

试题（12）分析

根据《软件工程—产品质量 第 1 部分：质量模型 GB/T 16260.1—2006》，软件产品的使用质量是基于用户观点的软件产品用于指定的环境和使用周境时的质量。使用质量的属性分类为 4 个特性：有效性、生产率、安全性和满意度。

可信性不是使用质量的质量属性，因此应选 B。

参考答案

（12）B

试题（13）

根据《计算机软件需求说明编制指南 GB/T 9385—1988》，关于软件需求规格说明的编制，(13) 是不正确的做法。

（13）A．软件需求规格说明由开发者和客户双方共同起草

　　　B．软件需求规格说明必须描述软件的功能、性能、强加于实现的设计限制、属性和外部接口

　　　C．软件需求规格说明中必须包含软件开发的成本、开发方法和验收过程等重要外部约束条件

　　　D．在软件需求规格说明中避免嵌入软件的设计信息，如把软件划分成若干模块、给每一个模块分配功能、描述模块间信息流和数据流及选择数据结构等

试题（13）分析

根据《计算机软件需求说明编制指南 GB/T 9385—1988》中的相关内容，软件开发的过程是由开发者和客户双方同意开发什么样的软件协议开始的。这种协议要使用软件需求规格说明（SRS）的形式，应该由双方联合起草。

SRS 的基本点是它必须说明由软件获得的结果，而不是获得这些结果的手段。编写需求的人必须描述的基本问题是：a. 功能；b. 性能；c. 强加于实现的设计限制；d. 属性；e. 外部接口。编写需求的人应当避免把设计或项目需求写入 SRS 之中，应当对说明

需求设计约束与规划设计两者有清晰的区别。SRS应把注意力集中在要完成的服务目标上。通常不指定如下的设计项目：a. 把软件划分成若干模块；b. 给每一个模块分配功能；c. 描述模块间的信息流程或者控制流程；d. 选择数据结构。SRS应当是描述一个软件产品，而不是描述产生软件产品的过程。项目要求表达客户和开发者之间对于软件生产方面合同性事宜的理解（因此不应当包括在SRS中），例如：a. 成本；b. 交货进度；c. 报表处理方法；d. 软件开发方法；e. 质量保证；f. 确认和验证的标准；g. 验收过程。

根据《计算机软件需求说明编制指南 GB/T 9385—1988》中的上述原文，可知选项C所描述的做法是不正确的，因此应选C。

参考答案

（13）C

试题（14）

关于知识产权，以下说法不正确的是 (14) 。

（14）A. 知识产权具有一定的有效期限，超过法定期限后，就成为社会共同财富

B. 著作权、专利权、商标权皆属于知识产权范畴

C. 知识产权具有跨地域性，一旦在某国取得产权承认和保护，那么在域外将具有同等效力

D. 发明、文学和艺术作品等智力创造，都可被认为是知识产权

试题（14）分析

世界知识产权组织（WIPO）将知识产权解释为：基于智力的创造性活动所产生的权利。广义的知识产权从权利类型来说，包括著作权、专利权、商标权和其他知识产权。狭义的知识产权是指由著作权（含邻接权）、专利权和商标权三个部分组成的传统知识产权，涉及的对象有作品、发明创造和商标。知识产权有一定的有效期限，无法永远存续。在法律规定的有效期内知识产权受到保护，超过法定期限，相关的智力成果就不再是受保护客体，而成为社会的共同财富，为人们自由使用。独立保护原则是巴黎公约和TRIPS的共同规定。独立保护是指外国人在一个国家所受到的保护只能适用该国的法律，按照该国法律规定的标准实施。

根据知识产权的上述概念可知，选项C的说法是不正确的，因此应选C。

参考答案

（14）C

试题（15）

关于竞争性谈判，以下说法不恰当的是 (15) 。

（15）A. 竞争性谈判公告须在财政部门指定的政府采购信息发布媒体上发布，公告发布日至谈判文件递交截止日期的时间不得少于20个自然日

B. 某地方政府采用公开招标采购视频点播系统，招标公告发布后仅两家供应商在指定日期前购买标书，经采购、财政部门认可，可改为竞争性谈判

C．某机关办公大楼为配合线路改造，需在两周内紧急采购一批 UPS 设备，因此可采用竞争性谈判的采购方式

D．须有 3 家以上具有资格的供应商参加谈判

试题（15）分析

根据《中华人民共和国政府采购法》：

第三十条　符合下列情形之一的货物或者服务，可以依照本法采用竞争性谈判方式采购：

（一）招标后没有供应商投标或者没有合格标的或者重新招标未能成立的；

（二）技术复杂或者性质特殊，不能确定详细规格或者具体要求的；

（三）采用招标所需时间不能满足用户紧急需要的；

（四）不能事先计算出价格总额的。

第三十五条　货物和服务项目实行招标方式采购的，自招标文件开始发出之日起至投标人提交投标文件截止之日止，不得少于二十日。

第三十八条　采用竞争性谈判方式采购的，应当遵循下列程序：

（一）成立谈判小组。谈判小组由采购人的代表和有关专家共三人以上的单数组成，其中专家的人数不得少于成员总数的三分之二。

（二）制定谈判文件。谈判文件应当明确谈判程序、谈判内容、合同草案的条款以及评定成交的标准等事项。

（三）确定邀请参加谈判的供应商名单。谈判小组从符合相应资格条件的供应商名单中确定不少于三家的供应商参加谈判，并向其提供谈判文件。

（四）谈判。谈判小组所有成员集中与单一供应商分别进行谈判。在谈判中，谈判的任何一方不得透露与谈判有关的其他供应商的技术资料、价格和其他信息。谈判文件有实质性变动的，谈判小组应当以书面形式通知所有参加谈判的供应商。

（五）确定成交供应商。谈判结束后，谈判小组应当要求所有参加谈判的供应商在规定时间内进行最后报价，采购人从谈判小组提出的成交候选人中根据符合采购需求、质量和服务相等且报价最低的原则确定成交供应商，并将结果通知所有参加谈判的未成交的供应商。

根据《中华人民共和国政府采购法》的上述条款可知，选项 A 的说法是不恰当的，因此应选 A。

参考答案

（15）A

试题（16）

某省政府采用公开招标方式采购信息系统项目及服务，招标文件要求投标企业必须具备系统集成二级及其以上资质，提交证书复印件并加盖公章。开标当天共有 5 家企业在截止时间之前投递了标书。根据《中华人民共和国政府采购法》，如发生以下 (16) 情

况，本次招标将作废标处理。

　　（16）A．有 3 家企业具备系统集成一级资质，有两家企业具备系统集成三级资质

　　　　　B．有 3 家企业具备系统集成二级资质，有两家企业具备系统集成三级资质

　　　　　C．5 家企业都具有系统集成二级资质，其中有两家企业的系统集成二级资质证书有效期满未延续换证

　　　　　D．有 3 家企业具备系统集成三级资质，有两家企业具备系统集成二级资质

试题（16）分析

　　根据《中华人民共和国政府采购法》：

　　第三十六条　在招标采购中，出现下列情形之一的，应予废标：

　　（一）符合专业条件的供应商或者对招标文件作实质响应的供应商不足 3 家的；

　　（二）出现影响采购公正的违法、违规行为的；

　　（三）投标人的报价均超过了采购预算，采购人不能支付的；

　　（四）因重大变故，采购任务取消的。

　　废标后，采购人应当将废标理由通知所有投标人。

　　根据上述条款，选项 D 符合第三十六条所述的情形（一），该情形应予废标，因此应选 D。

参考答案

　　（16）D

试题（17）

　　"容器是一个构件，构件不一定是容器；一个容器可以包含一个或多个构件，一个构件只能包含在一个容器中。"根据上述描述，如果用 UML 类图对容器和构件之间的关系进行面向对象分析和建模，则容器类和构件类之间存在 （17） 关系。

　　① 继承　　　　　② 扩展　　　　　③ 聚集　　　　　④ 包含

　　（17）A．①②　　　　B．②④　　　　C．①④　　　　D．①③

试题（17）分析

　　在统一建模语言 UML 的类图中，类和类之间可能存在继承、泛化、聚集、组成和关联等关系。在统一建模语言的用例图中，用例和用例之间可能存在扩展、包含等关系。由于扩展和包含关系不是类图中类和类之间的关系类型，因此题干中所述的容器类和构件类之间不可能存在扩展和包含关系。因此正确答案应选 D。

参考答案

　　（17）D

试题（18）

　　面向对象分析与设计技术中， （18） 是类的一个实例。

　　（18）A．对象　　　　B．接口　　　　C．构件　　　　D．设计模式

试题（18）分析

对象是由数据及其操作所构成的封装体，是系统中用来描述客观事物的一个封装，是构成系统的基本单位。类是现实世界中实体的形式化描述，类将该实体的数据和函数封装在一起。接口是对操作规范的说明。模式是一条由三部分组成的规则，它表示了一个特定环境、一个问题和一个解决方案之间的关系。类和对象的关系可以总结为：

（1）每一个对象都是某一个类的实例；

（2）每一个类在某一时刻都有零个或更多的实例。

（3）类是静态的，对象是动态的；

（4）类是生成对象的模板。

由此可知，对象是类的一个实例，因此应选 A。

参考答案

（18）A

试题（19）

在没有路由的本地局域网中，以 Windows 操作系统为工作平台的主机可以同时安装 (19) 协议，其中前者是至今应用最广的网络协议，后者有较快速的性能，适用于只有单个网络或桥接起来的网络。

（19）A．TCP/IP 和 SAP   B．TCP/IP 和 IPX/SPX

      C．IPX/SPX 和 NETBEUI   D．TCP/IP 和 NETBEUI

试题（19）分析

局域网中常见的三个协议是微软的 NETBEUI、Novell 的 IPX/SPX 和跨平台 TCP/IP。NETBEUI 是为 IBM 开发的非路由协议，用于携带 NETBIOS 通信。NETBEUI 缺乏路由和网络层寻址功能，既是其最大的优点，也是其最大的缺点。因为它不需要附加的网络地址和网络层头尾，所以很快并很有效，且适用于只有单个网络或整个环境都桥接起来的小工作组环境。

IPX 是 Novell 用于 NetWare 客户端/服务器的协议群组。IPX 具有完全的路由能力，可用于大型企业网。

TCP/IP 允许与 Internet 完全的连接。Internet 的普遍使用是 TCP/IP 至今广泛使用的原因。该网络协议在全球应用最广。

因此，根据上述协议的技术特点，正确答案应选 D。

参考答案

（19）D

试题（20）

Internet 上的域名解析服务（DNS）完成域名与 IP 地址之间的翻译。执行域名服务的服务器被称为 DNS 服务器。小张在 Internet 的某主机上用 nslookup 命令查询"中国计算机技术职业资格网"的网站域名，所用的查询命令和得到的结果如下：

>nslookup www.rkb.gov.cn

Server: xd-cache-1.bjtelecom.net

Address:219.141.136.10

Non-authoritative answer:

Name: www.rkb.gov.cn

Address:59.151.5.241

根据上述查询结果，以下叙述中不正确的是　(20)　。

(20) A．域名为"www.rkb.gov.cn"的主机 IP 地址为 59.151.5.241

　　　B．域名为"xd-cache-1.bjtelecom.net"的服务器为上述查询提供域名服务

　　　C．域名为"xd-cache-1.bjtelecom.net"的 DNS 服务器的 IP 地址为 219.141.136.10

　　　D．首选 DNS 服务器地址为 219.141.136.10，候选 DNS 服务器地址为 59.151.5.241

试题（20）分析

　　域名服务（Domain Name Service，DNS）是因特网的一项核心服务，它作为可以将域名和 IP 地址相互映射的一个分布式数据库，能够使人更方便地访问互联网，而不用去记住能够被机器直接读取的 IP 数串。

　　nslookup 命令可以指定查询的类型，可以查到 DNS 记录的生存时间，还可以指定使用哪个 DNS 服务器进行解释。在已安装 TCP/IP 协议的电脑上均可以使用这个命令。该命令主要用来诊断域名系统（DNS）基础结构的信息。如果以某一域名为唯一查询参数，nslookup 命令不能查出解释该域名的首选 DNS 和候选 DNS 服务器地址。

　　因此，应选 D。

参考答案

　　（20）D

试题（21）

　　关于单栋建筑中的综合布线，下列叙述中　(21)　是不正确的。

(21) A．单栋建筑中的综合布线系统工程范围是指在整栋建筑内敷设的通信线路

　　　B．单栋建筑中的综合布线包括建筑物内敷设的管路、槽道系统、通信线缆、接续设备以及其他辅助设施

　　　C．终端设备及其连接软线和插头等在使用前随时可以连接安装，一般不需要设计和施工

　　　D．综合布线系统的工程设计和安装施工是可以分别进行的

试题（21）分析

　　综合布线系统的范围应根据建筑工程项目范围来定，主要有单栋建筑和建筑群体两种范围。单栋建筑中的综合布线系统工程范围一般指整栋建筑内部敷设的通信线路，还应包括引出建筑物的通信线路。如建筑物内敷设的管路、槽道系统、通信缆线、接续设

备以及其他辅助设施（如电缆竖井和专用的房间等）。此外，各种终端设备（如电话机、传真机等）及其连接软线和插头等，在使用前随时可以连接安装，一般不需设计和施工。综合布线系统的工程设计和安装施工是单独进行的，所以，这两部分工作应该与建筑工程中的有关环节密切联系和相互配合。

根据单栋建筑中的综合布线系统工程范围的描述可知，选项 A 的叙述是不正确的，因此应选 A。

参考答案

（21）A

试题（22）

某单位依据《电子信息系统机房设计规范 GB 50174—2008》设计该单位的机房，在该单位采取的下述方案中，(22) 是不符合该规范的。

（22）A．整个机房由主机房、辅助区、支持区和行政管理区等 4 个功能区组成

　　　　B．主机房内计划放置 15 台设备，设计使用面积 65 m²

　　　　C．除主机房外，还设置了辅助区，辅助区面积是主机房面积的 10%

　　　　D．主机房设置了设备搬运通道、设备之间的出口通道、设备的测试和维修通道

试题（22）分析

《电子信息系统机房设计规范 GB 50174—2008》中的相关要求如下：

4.2　机房组成

4.2.1　电子信息系统机房的组成应根据系统运行特点及设备具体要求确定，宜由主机房、辅助区、支持区、行政管理区等功能区组成。

4.2.2　主机房的使用面积应根据电子信息设备的数量、外形尺寸和布置方式确定，并应预留今后业务发展需要的使用面积。在对电子信息设备外形尺寸不完全掌握的情况下，主机房的使用面积可按下式确定：

1．当电子信息设备已确定规格时，可按下式计算：

$$A = K \sum S \qquad (4.2.2\text{-}1)$$

式中 A ——主机房使用面积（m²）；

　　K ——系数，可取 5～7；

　　S ——电子信息设备的投影面积（m²）。

2．当电子信息设备尚未确定规格时，可按下式计算：

$$A = F\ N \qquad (4.2.2\text{-}2)$$

式中 F ——单台设备占用面积，可取 3.5～5.5（m²/台）；

　　N ——主机房内所有设备（机柜）的总台数。

4.2.3　辅助区的面积宜为主机房面积的 0.2～1 倍。

4.2.4　用户工作室的面积可按 3.5～4m²/人计算；硬件及软件人员办公室等有人长期工作的房间面积，可按 5～7m²/人计算。

4.3 设备布置

4.3.1 电子信息系统机房的设备布置应满足机房管理、人员操作和安全、设备和物料运输、设备散热、安装和维护的要求。

由以上规范可知，"辅助区面积是主机房面积的 10%"不符合该标准的第 4.2.3 条的要求。因此正确答案应选 C。

参考答案

（22）C

试题（23）

某工作站的使用者在工作时突然发现该工作站不能连接网络，为了诊断网络故障，最恰当的做法是首先 (23) 。

(23) A. 查看该工作站网络接口硬件工作指示是否正常，例如查看网卡指示灯是否正常

B. 测试该工作站网络软件配置是否正常，例如测试工作站到自身的网络连通性

C. 测试本工作站到相邻网络设备的连通性，例如测试工作站到网关的连通性

D. 查看操作系统和网络配置软件的工作状态

试题（23）分析

网络故障的诊断是一个复杂问题。通常，在故障不明的情况下，应先诊断硬件故障，后诊断软件故障；先诊断物理距离近的故障，再诊断物理距离远的故障。在突发网络故障时，比较合理的做法是首先查看本机网络硬件是否工作正常，因此应选 A。

参考答案

（23）A

试题（24）

企业资源规划是由 MRP 逐步演变并结合计算机技术的快速发展而来的，大致经历了 MRP、闭环 MRP、MRP II 和 ERP 这 4 个阶段，以下关于企业资源规划的论述不正确的是 (24) 。

(24) A. MRP 指的是物料需求计划，根据生产计划、物料清单、库存信息制定出相关的物资需求

B. MRP II 指的是制造资源计划，侧重于对本企业内部人、财、物等资源的管理

C. 闭环 MRP 充分考虑现有生产能力约束，要求根据物料需求计划扩充生产能力

D. ERP 系统在 MRP II 的基础上扩展了管理范围，把客户需求与企业内部的制造活动以及供应商的制造资源整合在一起，形成一个完整的供应链管理

试题（24）分析

基本 MRP（Materials Requirement Planning，物料需求计划）聚焦于相关物资需求问题，根据主生产计划、物料清单、库存信息，制定出相关物资的需求时间表，从而即时采购所需物资，降低库存。

MRP 系统在 20 世纪 70 年代发展为闭环 MRP 系统。闭环 MRP 系统除了编制资源需求计划外，还要编制能力需求计划，并将生产能力需求计划、车间作业计划和采购作业计划与物料需求计划一起纳入 MRP。闭环 MRP 能力计划通常是通过报表的形式向计划人员报告，但是尚不能进行能力负荷的自动平衡，这个工作由计划人员人工完成。

在 20 世纪 80 年代，人们把生产、财务、销售、工程技术和采购等各个子系统集成为一个一体化的系统，称为制造资源计划系统。由于制造资源计划（Manufacturing Resource Planning）的英文缩写也是 MRP，为了表示与物料需求计划的 MRP 相区别，而记为 MRP II。MRP II 的基本思想就是把企业作为一个有机整体，从整体最优的角度出发，通过运用科学方法对企业各种制造资源和产、供、销、财各个环节进行有效组织、管理和控制，从而使各部门充分发挥作用，整体协调发展。

ERP 系统在 MRP II 的基础上扩展了管理范围，它把客户需求和企业内部的制造活动以及供应商的制造资源整合在一起，形成一个完整的供应链并对供应链上的所有环节进行有效管理。

综上所述，应选择 C。

参考答案

（24）C

试题（25）

客户关系管理系统（CRM）的基本功能应包括　(25)　。

(25) A. 自动化的销售、客户服务和市场营销

　　　 B. 电子商务和自动化的客户信息管理

　　　 C. 电子商务、自动化的销售和市场营销

　　　 D. 自动化的市场营销和售后服务

试题（25）分析

客户关系管理系统（CRM）是一个集成化的信息管理系统，它存储了企业现有和潜在客户的信息，并且对这些信息进行自动的处理，从而产生更人性化的市场管理策略。CRM 系统具备以下的功能：

- 有一个统一的以客户为中心的数据库；
- 具有整合各种客户联系渠道的能力；
- 能够提供销售、客户服务和营销三个业务的自动化工具，并且在这三者之间实现通信接口，使得其中一项业务模块的事件可以触发到另外一项业务模块中的响应；

- 具备从大量数据中提取有用信息的能力，即这个系统必须实现基本的数据挖掘模块，从而使其具有一定的商业智能；
- 系统应该具有良好的可扩展性和可复用性，即可以实现与其他相应的企业应用系统之间的无缝整合。

由 CRM 系统的上述功能可知，应选 A。

参考答案

（25）A

试题（26）

某体育设备厂商已经建立覆盖全国的分销体系。为进一步拓展产品销售渠道，压缩销售各环节的成本，拟建立电子商务网站接受体育爱好者的直接订单，这种电子商务属于 (26) 模式。

（26）A．B2B　　　　　　B．B2C　　　　　　C．C2C　　　　　　D．B2G

试题（26）分析

电子商务按照交易对象，可以分为企业与企业之间的电子商务（B2B）、商业企业与消费者之间的电子商务（B2C）、消费者与消费者之间的电子商务（C2C），以及政府部门与企业之间的电子商务（G2B）4 种。

题干中的交易模式属于商业企业与消费者之间的电子商务，因此应选 B。

参考答案

（26）B

试题（27）

2005 年，我国发布《国务院办公厅关于加快电子商务发展的若干意见》（国办发【2005】2 号），提出我国促进电子商务发展的系列举措。其中，提出的加快建立我国电子商务支撑体系的五方面内容指的是 (27) 。

（27）A．电子商务网站、信用、共享交换、支付、现代物流

　　　　B．信用、认证、支付、现代物流、标准

　　　　C．电子商务网站、信用、认证、现代物流、标准

　　　　D．信用、支付、共享交换、现代物流、标准

试题（27）分析

根据《系统集成项目管理工程师教程》，建立和完善电子商务发展的支撑保障体系包括 9 个方面的内容，分别是法律法规体系、标准规范体系、安全认证体系、信用体系、在线支付体系、现代物流体系、技术装备体系、服务体系、运行监控体系。

因此，应选 B。

参考答案

（27）B

试题（28）

Web 服务（Web Service）定义了一种松散的、粗粒度的分布式计算模式。Web 服务的提供者利用①描述 Web 服务，Web 服务的使用者通过②来发现服务，两者之间的通

信采用③协议。以上①②③处依次应是 (28) 。

(28) A. ①SOAP 　　② UDDI 　　③WSDL

　　　 B. ①UML 　　② UDDI 　　③SMTP

　　　 C. ①WSDL 　　② UDDI 　　③SOAP

　　　 D. ①UML 　　② UDDI 　　③WSDL

试题（28）分析

Web 服务（Web Service）定义了一种松散的、粗粒度的分布计算模式，适用标准的 HTTP（S）协议传送 XML 表示及封装的内容。Web 服务的典型技术包括：用户传递信息的简单对象访问协议（SOAP）、用于描述服务的 Web 服务描述语言（WSDL）、用于 Web 服务的注册的统一描述、发现及集成（UDDI）、用于数据交换的 XML。

根据 Web 服务的上述概念，正确选项应选择 C。

参考答案

（28）C

试题（29）

以下关于.NET 架构和 J2EE 架构的叙述中， (29) 是正确的。

(29) A. .NET 只适用于 Windows 操作系统平台上的软件开发

　　　 B. J2EE 只适用于非 Windows 操作系统平台上的软件开发

　　　 C. .NET 不支持 Java 语言编程

　　　 D. J2EE 中的 ASP.NET 采用编译方式运行

试题（29）分析

J2EE 是由 Sun 公司主导、各厂商共同制定并得到广泛认可的工业标准。.NET 是基于一组开发的互联网协议而推出的一系列的产品、技术和服务。传统的 Windows 应用是.NET 中不可或缺的一部分，因此，.NET 本质上是基于 Windows 操作系统平台的。ASP.NET 是.NET 中的网络编程结构，可以方便、高效地构建、运行和发布网络应用。在.NET 中，ASP.NET 应用不再是解释脚本，而采用编译运行。

综上所述，通常.NET 只适用于 Windows 操作系统平台上的软件开发。因此应选 A。

参考答案

（29）A

试题（30）

工作流（workflow）需要依靠 (30) 来实现，其主要功能是定义、执行和管理工作流，协调工作流执行过程中工作之间以及群体成员之间的信息交互。

(30) A. 工作流管理系统　　　　　　　　B. 工作流引擎

　　　 C. 任务管理工具　　　　　　　　　D. 流程监控工具

试题（30）分析

工作流（workflow）就是工作流程的计算机模型，即将工作流程中的工作如何前后组织在一起的逻辑和规则在计算机中以恰当的模型进行表示并对其实施计算。工作流需要依靠工作流管理系统来实现。

因此，应选 A。

参考答案

（30）A

试题（31）

我国颁布的《大楼通信综合布线系统 YD/T926》的适用范围是跨度不超过 3000 米、建筑面积不超过 （31） 万平方米的布线区域。

（31）A．50　　　　B．200　　　　C．150　　　　D．100

试题（31）分析

我国颁布的《大楼通信综合布线系统 YD/T926》的"3、综合布线系统的范围"写明了下列内容：

综合布线系统的范围应根据建筑工程项目范围来定，一般有两种范围，即单栋建筑和建筑群体。单栋建筑中的综合布线系统范围，一般指在整栋建筑内部敷设的管槽系统、电缆竖井、专用房间（如设备间等）和通信缆线及连接硬件等。建筑群体因建筑栋数不一、规模不同，有时可能扩大成为街坊式的范围（如高等学校校园式），其范围难以统一划分，但不论其规模如何，综合布线系统的工程范围除上述每栋建筑内的通信线路和其他辅助设施外，还需包括各栋建筑物之间相互连接的通信管道和线路，这时，综合布线系统较为庞大而复杂。

我国通信行业标准《大楼通信综合布线系统》（YD/T 926）的适用范围规定是跨越距离不超过 3000 米、建筑总面积不超过 100 万平方米的布线区域，其人数为 50 人～50 万人。如布线区域超出上述范围时可参照使用。上述范围是从基建工程管理的要求考虑的，与今后的业务管理和维护职责等的划分范围有可能是不同的。因此，综合布线系统的具体范围应根据网络结构、设备布置和维护办法等因素来划分相应范围。故 D 是正确答案。

参考答案

（31）D

试题（32）

关于计算机机房安全保护方案的设计，以下说法错误的是 （32） 。

（32）A．某机房在设计供电系统时将计算机供电系统与机房照明设备供电系统分开

　　　　B．某机房通过各种手段保障计算机系统的供电，使得该机房的设备长期处于 7*24 小时连续运转状态

　　　　C．某公司在设计计算机机房防盗系统时，在机房布置了封闭装置，当潜入者触动装置时，机房可以从内部自动封闭，使盗贼无法逃脱

　　　　D．某机房采用焊接的方式设置安全防护地和屏蔽地

试题（32）分析

计算机机房安全保护方案的设计要考虑计算机机房与设施安全的诸多方面。

机房供配电：根据对机房安全保护的不同要求，机房供、配电分为如下几种。

（1）分开供电：机房供电系统应将计算机系统供电与其他供电分开，并配备应急照明装置。故 A 是正确的。

（2）紧急供电：配置抗电压不足的基本设备、改进设备或更强设备，如基本 UPS、改进的 UPS、多级 UPS 和应急电源（发电机组）等。

（3）备用供电：建立备用的供电系统，以备常用供电系统停电时启用，完成对运行系统必要的保留。

（4）稳压供电：采用线路稳压器，防止电压波动对计算机系统的影响。

（5）电源保护：设置电源保护装置，如金属氧化物可变电阻、二极管、气体放电管、滤波器、电压调整变压器和浪涌滤波器等，防止／减少电源发生故障。

（6）不间断供电：采用不间断供电电源，防止电压波动、电器干扰和断电等对计算机系统的不良影响。可见 B 是正确的。

（7）电器噪声防护：采取有效措施，减少机房中电器噪声干扰，保证计算机系统正常运行。

（8）突然事件防护：采取有效措施，防止／减少供电中断、异常状态供电（指连续电压过载或低电压）、电压瞬变、噪声（电磁干扰）以及由于雷击等引起的设备突然失效事件的发生。

机房接地与防雷击：根据对机房安全保护的不同要求，机房接地与防雷击分为如下几种。

（1）接地要求：采用地桩、水平栅网、金属板、建筑物基础钢筋构建接地系统等，确保接地体的良好接地。

（2）去耦、滤波要求：设置信号地与直流电源地，并注意不造成额外耦合，保证去耦、滤波等的良好效果。

（3）避雷要求：设置避雷地，以深埋地下、与大地良好相通的金属板作为接地点。至避雷针的引线则应采用粗大的紫铜条，或使整个建筑的钢筋自地基以下焊连成钢筋网作为"大地"与避雷针相连。

（4）防护地与屏蔽地要求：设置安全防护地与屏蔽地，采用阻抗尽可能小的良导体的粗线，以减少各种地之间的电位差。应采用焊接方法，并经常检查接地的良好，检测接地电阻，确保人身、设备和运行的安全。

可见 D 是正确的。

计算机设备的安全保护：计算机设备的安全保护包括设备的防盗和防毁，根据对设备安全的不同要求，设备的防盗和防毁分为如下几种。

（1）设备标记要求：计算机系统的设备和部件应有明显的无法去除的标记，以防更换和方便查找赃物。

（2）计算中心防盗。

- 计算中心应安装防盗报警装置，防止从门窗进入的盗窃行为。
- 计算中心应利用光、电、无源红外等技术设置机房报警系统，并由专人值守，防止从门窗进入的盗窃行为。
- 利用闭路电视系统对计算中心的各重要部位进行监视，并有专人值守，防止从门窗进入的盗窃行为。

（3）机房外部设备防盗：机房外部的设备，应采取加固防护等措施，必要时安排专人看管，以防止盗窃和破坏。

可见 C 是不对的。

参考答案

（32）C

试题（33）

应用系统运行中涉及的安全和保密层次包括系统级安全、资源访问安全、功能性安全和数据域安全。以下关于这 4 个层次安全+的论述，错误的是__(33)__。

（33）A．按粒度从粗到细排序为系统级安全、资源访问安全、功能性安全、数据域安全

B．系统级安全是应用系统的第一道防线

C．所有的应用系统都会涉及资源访问安全问题

D．数据域安全可以细分为记录级数据域安全和字段级数据域安全

试题（33）分析

应用系统运行中涉及的安全和保密层次包括系统级安全、资源访问安全、功能性安全和数据域安全。这 4 个层次的安全，按粒度从粗到细的排序是：系统级安全、资源访问安全、功能性安全、数据域安全。（可见 A 是正确的。）程序资源访问控制安全的粒度大小界于系统级安全和功能性安全两者之间，是最常见的应用系统安全问题，几乎所有的应用系统都会涉及这个安全问题。

（1）系统级安全

企业应用系统越来越复杂，因此制定得力的系统级安全策略才是从根本上解决问题的基础。应通过对现行系统安全技术的分析，制定系统级安全策略，策略包括敏感系统的隔离、访问 IP 地址段的限制、登录时间段的限制、会话时间的限制、连接数的限制、特定时间段内登录次数的限制以及远程访问控制等，系统级安全是应用系统的第一道防护大门。可见 B 是正确的。

（2）资源访问安全

对程序资源的访问进行安全控制，在客户端上，为用户提供和其权限相关的用户界面，仅出现和其权限相符的菜单和操作按钮；在服务端则对 URL 程序资源和业务服务类方法的调用进行访问控制。可见不是"所有的应用系统都会涉及资源访问安全问题"，C 是错误的。

（3）功能性安全

功能性安全会对程序流程产生影响，如用户在操作业务记录时是否需要审核、上传附件不能超过指定大小等。这些安全限制已经不是入口级的限制，而是程序流程内的限制，在一定程度上影响程序流程的运行。

（4）数据域安全

数据域安全包括两个层次，其一是行级数据域安全，即用户可以访问哪些业务记录，一般以用户所在单位为条件进行过滤；其二是字段级数据域安全，即用户可以访问业务记录的哪些字段。不同的应用系统数据域安全的需求存在很大的差别，业务相关性比较高。可见 D 是正确的。

参考答案

（33）C

试题（34）

某公司接到通知，上级领导要在下午对该公司机房进行安全检查，为此公司做了如下安排：

① 了解检查组人员数量及姓名，为其准备访客证件

② 安排专人陪同检查人员对机房安全进行检查

③ 为了体现检查的公正，下午为领导安排了一个小时的自由查看时间

④ 根据检查要求，在机房内临时设置一处吸烟区，明确规定检查期间机房内其他区域严禁烟火

上述安排符合《信息安全技术　信息系统安全管理要求 GB/T 20269—2006》的做法是（34）。

（34）A. ③④　　　　　B. ②③　　　　　C. ①②　　　　　D. ②④

试题（34）分析

在《信息安全技术　信息系统安全管理要求 GB/T 20269—2006》物理安全管理中给出了技术控制方法：

（1）检测监视系统

应建立门禁控制手段，任何进出机房的人员应经过门禁设施的监控和记录，应有防止绕过门禁设施的手段（可见"③为了体现检查的公正，下午为领导安排了一个小时的自由查看时间"是错误的）；门禁系统的电子记录应妥善保存以备查；进入机房的人员应佩戴相应证件（可见"①了解检查组人员数量及姓名，为其准备访客证件"是正确的）；未经批准，禁止任何物理访问；未经批准，禁止任何人移动计算机相关设备或带离机房。

　　机房所在地应有专设警卫，通道和入口处应设置视频监控点。24 小时值班监视；所有来访人员的登记记录、门禁系统的电子记录以及监视录像记录应妥善保存以备查；禁止携带移动电话、电子记事本等具有移动互联功能的个人物品进入机房。

　　（2）人员进出机房和操作权限范围控制

　　应明确机房安全管理的责任人，机房出入应有指定人员负责，未经允许的人员不准进入机房；获准进入机房的来访人员，其活动范围应受限制，并有接待人员陪同（可见"②安排专人陪同检查人员对机房安全进行检查"是正确的）；机房钥匙由专人管理，未经批准，不准任何人私自复制机房钥匙或服务器开机钥匙；没有指定管理人员的明确准许，任何记录介质、文件材料及各种被保护品均不准带出机房，与工作无关的物品均不准带入机房；机房内严禁吸烟及带入火种和水源（可见"④根据检查要求，在机房内临时设置一处吸烟区，明确规定检查期间机房内其他区域严禁烟火"是错误的）。

　　应要求所有来访人员经过正式批准，登记记录应妥善保存以备查；获准进入机房的人员，一般应禁止携带个人计算机等电子设备进入机房，其活动范围和操作行为应受到限制，并有机房接待人员负责和陪同。

参考答案

　　（34）C

试题（35）、（36）

　　某工程建设项目中各工序历时如下表所示，则本项目最快完成时间为 (35) 周。同时，通过 (36) 可以缩短项目工期。

工 序 名 称	紧 前 工 序	持续时间（周）
A	—	1
B	A	2
C	A	3
D	B	2
E	B	2
F	C、D	4
G	E	4
H	B	5
I	G、H	4
J	F	3

　　（35）A. 7　　　　　　　B. 9　　　　　　　C. 12　　　　　　　D. 13

　　①压缩 B 工序时间　　②压缩 H 工序时间　　③同时开展 H 工序与 A 工序

　　④压缩 F 工序时间　　⑤压缩 G 工序时间

　　（36）A. ①⑤　　　　　B. ①③　　　　　C. ②⑤　　　　　D. ③④

试题（35）、（36）分析

　　本题考查项目工期计算、压缩关键路径活动历时可缩短工期的知识。画网络图是解题的基础。本题的解题方法可有多种，下面给出了 3 种方法。

（1）画单代号网络图，如下图所示。

找出关键路径（最长路径），并计算关键路径上的总历时，即可算出本项目最快完成时间；压缩关键路径上的活动可以缩短项目工期。

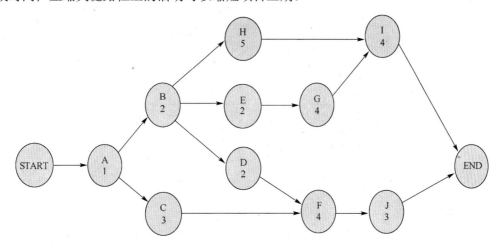

通过此图可直观看出，从开始到结束共有 4 条路径，ABEGI 为最长路径，历时为 13 周，即试题（35）D 是正确答案。

由于 B、G 在关键路径上，故压缩 B、G 可缩短项目工期；F、H 不在关键路径上，压缩它们不能缩短工期；由于 H 工序与 A 工序无并行关系，H 是 A 的紧后活动 B 的紧后活动，所以不能将 H 工序与 A 工序并行。即试题（36）A 是正确答案。

（2）计算该网络图六标时。

通过计算网络图的活动总时差找关键路径，总时差为 0 的活动一定在关键路径上。

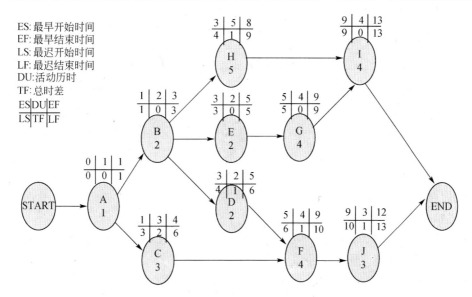

通过计算可知总时差为 0 的活动为 A、B、E、G、I，ABEGI 为关键路径，历时为 13 周，压缩 B、G 可缩短项目工期。

（3）画带时标的双代号网络图，如下图所示。

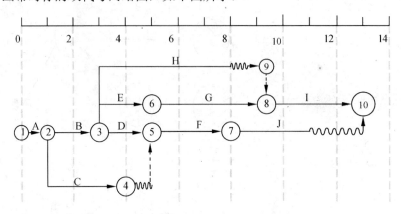

通过此图同样可识别出，ABEGI 为最长路径，历时为 13 周，压缩 B、G 可缩短项目工期。

参考答案

（35）D　　（36）A

试题（37）

某项目有 5 个独立的子项目，小张和小李各自独立完成项目所需的时间如下表所示：

	小　张	小　李
甲	6	5
乙	4	8
丙	——	7
丁	4	2
戊	3	2

则如下 4 种安排中 （37） 的工期最短。

（37）A．小张做甲和乙，小李做丙、丁和戊

　　　　B．小张做乙，小李做甲、丙、丁和戊

　　　　C．小张做乙、丁和戊，小李做甲和丙

　　　　D．小张做甲、乙和丁，小李做丙和戊

试题（37）分析

此题为运筹学中非标准的指派问题。由于只有小张和小李两个人，所以直接针对给出的选项来进行计算，比较出最短工期就可以解出此题。

A：工期为小张 10，小李 11；

B：工期为小张 4，小李 16；

C：工期为小张 11，小李 12；

D：工期为小张 14，小李 9。

在两人独自完成的情况下，A 中并行历时是最短的，只有 11。

参考答案

（37）A

试题（38）

某项目经理在对项目历时进行估算时，认为正常情况下完成项目需要 42 天，同时也分析了影响项目工期的因素，认为最快可以在 35 天内完成工作，而在最不利的条件下则需要 55 天完成任务。采用三点估算得到的工期是 （38） 天。

（38）A．42　　　　　　B．43　　　　　　C．44　　　　　　D．55

试题（38）分析

三点估算得到的工期=（乐观估计时间+4×最可能估计时间+悲观估计时间）/6

　　　　　　　　　　=（35+42×4+55）/6=43

参考答案

（38）B

试题（39）

甲公司生产急需 5000 个零件，承包给乙工厂进行加工，每个零件的加工费预算为 20 元，计划 2 周（每周工作 5 天）完成。甲公司负责人在开工后第 9 天早上到乙工厂检查进度，发现已完成加工 3600 个零件，支付款项 81000 元。经计算，（39） 。

（39）A．该项目的费用偏差为–18000 元

　　　　B．该项目的进度偏差为–18000 元

　　　　C．该项目的 CPI 为 0.80

　　　　D．该项目的 SPI 为 0.90

试题（39）分析

本题给定了总预算为 20×5000 元，总工期是 10 个工作日。要求运用挣值分析法，计算累计到第 8 个工作日的费用偏差、进度偏差、成本绩效指数、进度绩效指数情况。

费用偏差 CV=EV–AC=3600×20–81000= –9000

进度偏差 SV=EV–PV=3600×20–5000×20×8/10= –8000

CPI=EV/AC=3600×20/81000=0.9

SPI=EV/PV=3600×20/（5000×20×8/10）=0.9

经计算 D 是正确的。

参考答案

（39）D

试题（40）

　　某公司接到一栋大楼的布线任务，经过分析决定将大楼的 4 层布线任务分别交给甲、乙、丙、丁 4 个项目经理，每人负责一层布线任务，每层面积为 $10000\,\mathrm{m}^2$。布线任务由同一个施工队施工，该工程队有 5 个施工组。甲经过测算，预计每个施工组每天可以铺设完成 $200\,\mathrm{m}^2$，于是估计任务完成时间为 10 天，甲带领施工队最终经过 14 天完成任务；乙在施工前咨询了工程队中有经验的成员，经过分析之后估算时间为 12 天，乙带领施工队最终经过 13 天完成；丙参考了甲、乙施工时的情况，估算施工时间为 15 天，丙最终用了 21 天完成任务；丁将前三个施工队的工期代入三点估算公式计算得到估计值为 15 天，最终丁带领施工队用了 15 天完成任务。以下说法正确的是　(40)　。

　　（40）A．甲采用的是参数估算法，参数估计不准确导致实际工期与预期有较大偏差

　　　　　B．乙采用的是专家判断法，实际工期偏差只有 1 天与专家的经验有很大关系

　　　　　C．丙采用的是类比估算法，由于此类工程不适合采用该方法，因此偏差最大

　　　　　D．丁采用的是三点估算法，工期零偏差是因为该方法是估算工期的最佳方法

试题（40）分析

　　本题考查的是活动历时估算方法问题。

　　活动历时估算是估算计划活动持续时间的过程。它利用计划活动对应的工作范围、需要的资源类型和资源数量，以及相关的资源日历（用于标明资源有无与多寡）信息。估算计划活动持续时间的依据来自项目团队最熟悉具体计划活动工作内容性质的个人或集体。历时估算是逐步细化与完善的，估算过程要考虑数据依据的有无与质量。例如，随着项目设计工作的逐步深入，可供使用的数据越来越详细，越来越准确，因而提高了历时估算的准确性。这样一来，就可以认为历时估算结果逐步准确，质量逐步提高。

　　活动历时估算所采用的主要方法和技术如下：

　　（1）专家判断

　　由于影响活动持续时间的因素太多，如资源的水平或生产率，所以常常难以估算。只要有可能，就可以利用以历史信息为根据的专家判断。各位项目团队成员也可以提供历时估算的信息，或根据以前的类似项目提出有关最长持续时间的建议。如果无法请到这种专家，则持续时间估计中的不确定性和风险就会增加。

　　B 是正确的。

　　（2）类比估算

　　持续时间类比估算就是以从前类似计划活动的实际持续时间为根据，估算将来的计划活动的持续时间。当有关项目的详细信息数量有限时，如在项目的早期阶段，就经常使用这种办法估算项目的持续时间。类比估算利用历史信息和专家判断。

　　当以前的活动事实上而不仅仅是表面上类似，而且准备这种估算的项目团队成员具备必要的专业知识时，类比估算最可靠。

C 是错误的。丙采用的是类比估算法，此类工程采用类比估算法没有不适合的问题，工期偏差的产生应该是源于施工队施工水平、质量、熟练程度、项目经理的控制能力等。

（3）参数估算

用欲完成工作的数量乘以生产率可作为估算活动持续时间的量化依据。例如，将图纸数量乘以每张图纸所需的人时数估算设计项目中的生产率；将电缆的长度（米）乘以安装每米电缆所需的人时得到电缆安装项目的生产率。用计划的资源数目乘以每班次需要的工时或生产能力再除以可投入的资源数目，即可确定各工作班次的持续时间。例如，每班次的持续时间为 5 天，计划投入的资源为 4 人，而可以投入的资源为 2 人，则每班次的持续时间为 10 天（4×5/2=10）。

A 不对。甲采用的确实是参数估算法，但测算不准确，导致工期偏差很大。

（4）三点估算

考虑原有估算中风险的大小，可以提高活动历时估算的准确性。三点估算就是在确定三种估算的基础上做出的。

① 最有可能的历时估算 Tm：在资源生产率、资源的可用性、对其他资源的依赖性和可能的中断都充分考虑的前提下，并且为计划活动已分配了资源的情况下，对计划活动的历时估算。

② 最乐观的历时估算 To：基于各种条件组合在一起，形成最有利组合时，估算出来的活动历时就是最乐观的历时估算。

③ 最悲观的历时估算 Tp：基于各种条件组合在一起，形成最不利组合时，估算出来的活动历时就是最悲观的历时估算。

活动历时的均值＝$(To+4Tm+Tp)/6$。因为是估算，难免有误差。三点估算法估算出的历时符合正态分布曲线，其标准差如下：$\sigma =(Tp–To)/6$。

D 是不对的。工期虽然是零偏差，并不能说明此方法是最佳估算方法，只能说明三点估算法估算出的历时有偏差，但符合正态分布；项目经理进行了有效的控制，满足了工期要求。

（5）后备分析

项目团队可以在总的项目进度表中以"应急时间"、"时间储备"或"缓冲时间"为名称增加一些时间，这种做法是承认进度风险的表现。应急时间可取活动历时估算值的某一百分比，或某一固定长短的时间，或根据定量风险分析的结果确定。应急时间可能全部用完，也可能只使用一部分，还可能随着项目更准确的信息增加和积累而到后来减少或取消。这样的应急时间应当连同其他有关的数据和假设一起形成文件。

故 B 是正确答案。

参考答案

（40）B

试题（41）

围绕创建工作分解结构，关于下表的判断正确的是 (41) 。

编　号	任 务 名 称
1.	项目范围规划
1.1	确定项目范围
1.2	获得项目所需资金
1.3	定义预备资源
1.4	获得核心资源
1.5	项目范围规划完成
2.	分析/软件需求

(41) A. 该表只是一个文件的目录，不能作为 WBS 的表示形式

　　　B. 该表如果再往下继续分解才能作为 WBS

　　　C. 该表是一个列表形式的 WBS

　　　D. 该表是一个树形的 OBS

试题（41）分析

当前较常用的工作分解结构表示形式主要有以下两种：

- 分级的树型结构类似于组织结构图。

树型结构图的层次清晰，非常直观，结构性很强，但不是很容易修改，对于大的、复杂的项目也很难表示出项目的全景。由于其直观性，一般在一些小的、适中的应用项目中用得较多。

- 表格形式类似于分级的图书目录。

该表能够反映出项目所有的工作要素，可是直观性较差。但在一些大的、复杂的项目中使用还是较多的，因为有些项目分解后内容分类较多，容量较大，用缩进图表的形式表示比较方便，也可以装订手册。

可见 A 是错误的，列表形式是可以作为工作分解结构表示形式的。

本题中给出的是列表形式的 WBS，即 C 是正确的。

工作结构分解应把握的原则如下：

- 在各层次上保持项目的完整性，避免遗漏必要的组成部分。
- 一个工作单元只能从属于某个上层单元，避免交叉从属。
- 相同层次的工作单元应用相同性质。
- 工作单元应能分开不同责任者和不同工作内容。
- 便于项目管理计划、控制的管理需要。
- 最低层工作应该具有可比性，是可管理的，可定量检查的。

- 应包括项目管理工作因为是项目具体工作的一部分，包括分包出去的工作。

从工作结构分解的原则可知，便于项目管理计划、控制的管理需要；最低层工作应该具有可比性，是可管理的，可定量检查的。该表不一定再往下继续分解才能作为 WBS，满足特定要求即可。可见 B 是错误的。

OBS 指的是组织分界结构，而本题中给出的列表体现了交付成果前需进行的任务，所以 D 是错误的。

参考答案

（41）C

试题（42）

在项目验收时，建设方代表要对项目范围进行确认。下列围绕范围确认的叙述正确的是　（42）　。

（42）A．范围确认是确定交付物是否齐全，确认齐全后再进行质量验收

　　　　B．范围确认时，承建方要向建设方提交项目成果文件，如竣工图纸等

　　　　C．范围确认只能在系统终验时进行

　　　　D．范围确认和检查不同，不会用到诸如审查、产品评审、审计和走查等方法

试题（42）分析

项目范围确认是指项目干系人对项目范围的正式承认，是客户等项目干系人正式验收并接受已完成的项目可交付物的过程，也称范围确认过程为范围核实过程。但实际上项目范围确认是贯穿整个项目生命周期的，从项目管理组织确认 WBS 的具体内容开始，到项目各个阶段的交付物检验，直至最后项目收尾文档验收，甚至是最后项目评价的总结。可见 C 是错误的。

范围确认与质量控制不同，范围确认是有关工作结果的接受问题，而质量控制是有关工作结果正确与否，质量控制一般在范围确认之前完成，当然也可并行进行。故 A 是错误的。

范围的工具与技术：检查包括诸如测量、测试和验证以确定工作和可交付物是否满足要求和产品的验收标准。检查有时被称为审查、产品评审、审计和走查（可见 D 是错误的）。在一些应用领域中，这些不同的条款有其具体的、特定的含意。

确认项目范围时，项目管理团队必须向客户方出示能够明确说明项目（或项目阶段）成果的文件，如项目管理文件（计划、控制、沟通等）、需求说明书、技术文件、竣工图纸等（可见 B 是正确的）。当然，提交的验收文件应该是客户已经认可了的该项目产品或某个阶段的文件，他们必须为完成这项工作准备条件，做出努力。

故 B 为正确答案。

参考答案

（42）B

试题（43）

在项目结项后的项目审计中，审计人员要求项目经理提交 (43) 作为该项目的范围确认证据。

（43）A．系统的终验报告　　　　B．该项目的第三方测试报告

　　　　C．项目的监理报告　　　　D．该项目的项目总结报告

试题（43）分析

项目审计是对项目管理工作的全面检查，包括项目的文件记录、管理的方法和程序、财产情况、预算和费用支出情况以及项目工作的完成情况。项目结项后的项目审计应由项目管理部门与财务部门共同进行。

确认项目范围时，项目管理团队必须向客户方出示能够明确说明项目（或项目阶段）成果的文件，如项目管理文件（计划、控制、沟通等）、需求说明书、技术文件、竣工图纸等。当然，提交的验收文件应该是客户已经认可了的该项目产品或某个阶段的文件，他们必须为完成这项工作准备条件，做出努力。

故在项目结项后的项目审计中，项目经理应向审计人员提交系统的终验报告，作为该项目的范围确认证据。即 A 是正确答案。

参考答案

（43）A

试题（44）

(44) 不是系统集成项目的直接成本。

（44）A．进口设备报关费　　　　B．第三方测试费用

　　　　C．差旅费　　　　　　　　D．员工福利

试题（44）分析

直接成本：直接可以归属于项目工作的成本为直接成本，属于项目执行过程中直接投入并发生的费用。如项目团队差旅费、工资、项目使用的物料及设备使用费，以及资料费、咨询鉴定费、培训费等。

间接成本：来自一般管理费用科目或几个项目共同担负的项目成本所分摊给本项目的费用，就形成了项目的间接成本，如税金、额外福利和保卫费用等。

D 不属于为完成系统集成项目支付的直接费用，所以不属于直接成本。

参考答案

（44）D

试题（45）

项目经理创建了某软件开发项目的 WBS 工作包，其中一个工作包举例如下：130（注：

工作包编号，下同）需求阶段；131 需求调研；132 需求分析；133 需求定义。通过成本估算，131 预计花费 3 万元；132 预计花费 2 万元；133 预计花费 2.5 万元。根据各工作包的成本估算，采用 (45) 方法，能最终形成整个项目的预算。

(45) A．资金限制平衡　　　　　　　　B．准备金分析

　　　 C．成本参数估算　　　　　　　　D．成本汇总

试题 (45) 分析

成本预算指将单个活动或工作包的估算成本汇总，以确立衡量项目绩效情况的总体成本基准。

本题目中创建了 WBS 工作包，并给出了某工作包的估算结果，得到各工作包估算数据后，需要将这些详细成本汇总到更高层级，以最终形成整个项目的总体预算。故采用的方法为 D。

参考答案

(45) D

试题 (46)

根据以下布线计划及完成进度表，在 2010 年 6 月 2 日完工后对工程进度和费用进行预测，按此进度，完成尚需估算（ETC）为 (46) 。

	计划开始时间	计划结束时间	计划费用	实际开始时间	实际结束时间	实际完成费用
1 号区域	2010 年 6 月 1 日	2010 年 6 月 1 日	10000 元	2010 年 6 月 1 日	2010 年 6 月 2 日	18000 元
2 号区域	2010 年 6 月 2 日	2010 年 6 月 2 日	10000 元			
3 号区域	2010 年 6 月 3 日	2010 年 6 月 3 日	10000 元			

(46) A．18000 元　　　　B．36000 元　　　　C．20000 元　　　　D．54000 元

试题 (46) 分析

$$ETC = (BAC - EV)/CPI$$
$$= (BAC - EV)/(EV/AC)$$
$$= (10000 + 10000 + 10000 - 10000)/(10000/18000)$$
$$= 36000$$

参考答案

(46) B

试题 (47)

在信息系统试运行阶段，系统失效将对业务造成影响。针对该风险，如果采取"接

受"的方式进行应对，应该 (47) 。

(47) A. 签订一份保险合同，减轻中断带来的损失

　　　B. 找出造成系统中断的各种因素，利用帕累托分析减轻和消除主要因素

　　　C. 设置冗余系统

　　　D. 建立相应的应急储备

试题 (47) 分析

应对风险的基本措施主要包括：规避、接受、减轻、转移。

通过对项目风险识别、估计和评价，把项目风险发生的概率、损失严重程度以及其他因素综合起来考虑，可得出项目发生各种风险的可能性及其危害程度，再与公认的安全指标相比较，就可确定项目的危险等级，从而决定应采取什么样的措施以及控制措施应采取到什么程度。风险应对就是对项目风险提出处置意见和办法。

（1）规避

规避风险是指改变项目计划，以排除风险或条件，或者保护项目目标，使其不受影响，或对受到威胁的一些目标放松要求。例如，延长进度或减少范围等。但是，这是相对保守的风险对策，在规避风险的同时，也就彻底放弃了项目带给我们的各种收益和发展机会。

规避风险的另一个重要的策略是排除风险的起源，即利用分隔将风险源隔离于项目进行的路径之外。事先评估或筛选适合于本身能力的风险环境进入经营，包括细分市场的选择、供货商的筛选等，或选择放弃某项环境领域，以准确预见并有效防范，完全消除风险的威胁。

我们经常听到的项目风险管理 20/80 规律告诉我们，项目所有风险中对项目产生 80%威胁的只是其中的 20%的风险，因此我们要集中力量去规避这 20%的最危险的风险。可见 B 为风险规避。

（2）转移

转移风险是指设法将风险的后果连同应对的责任转移到他方身上。转移风险实际只是把风险损失的部分或全部以正当理由让他方承担，而并非将其拔除。对于金融风险而言，风险转移策略最有效。风险转移策略几乎总需要向风险承担者支付风险费用。转移工具丰富多样，包括但不限于利用保险、履约保证书、担保书和保证书。通过出售或外包将自己不擅长的或自己开展风险较大的一部分业务委托他人帮助开展，集中力量在自己的核心业务上，从而有效地转移了风险。同时，可以利用合同将具体风险的责任转移给另一方。在多数情况下，使用费用加成合同可将费用风险转移给买方，如果项目的设计是稳定的，可以用固定总价合同把风险转移给卖方。有条件的企业可运用一些定量化的风险决策分析方法和工具，来粗算优化保险方案。可见 A 为风险转移。

（3）减轻

减轻是指设法把不利的风险事件的概率或后果降低到一个可接受的临界值。提前采取行动减少风险发生的概率或者减少其对项目所造成的影响，比在风险发生后进行的补救要有效得多。例如，采用不太复杂的工艺，实施更多的测试，或者选用比较稳定可靠的卖方都可减轻风险。它可能需要制作原型或者样机，以减少从实验室工作模型放大到实际产品中所包含的风险。如果不可能降低风险的概率，则减轻风险的应对措施是应设法减轻风险的影响，其着眼于决定影响的严重程度的连接点上。例如，设计时在子系统中设置冗余组件有可能减轻原有组件故障所造成的影响。可见 C 为风险减轻策略。

（4）接受

采取该策略的原因在于很少可以消除项目的所有风险。采取此项措施表明，已经决定不打算为处置某项风险而改变项目计划，无法找到任何其他应对良策的情况下，或者为应对风险而采取的对策所需要付出的代价太高（尤其是当该风险发生的概率很小时），往往采用"接受"这一措施。针对机会或威胁，均可采取该项策略。该策略可分为主动或被动方式。最常见的主动接受风险的方式就是建立应急储备，以应对已知或潜在的未知威胁或机会。被动地接受风险则不要求采取任何行动，将其留给项目团队，待风险发生时视情况进行处理。可见 D 为主动接受风险的方式。即 D 为正确答案。

参考答案

（47）D

试题（48）

围绕三点估算技术在风险评估中的应用，以下论述 (48) 是正确的。

（48）A．三点估算用于活动历时估算，不能用于风险评估

　　　　B．三点估算用于活动历时估算，不好判定能否用于风险评估

　　　　C．三点估算能评估时间与概率的关系，可以用于风险评估，不能用于活动历时估算

　　　　D．三点估算能评估时间与概率的关系，可以用于风险评估，属于定量分析

试题（48）分析

活动历时估算所采用的主要方法和技术包括：专家判断、类比估算、参数估算、三点估算、后备分析。

定量风险分析的工具与技术主要包括：期望货币值、计算分析因子、计划评审技术（三点估算）、蒙特卡罗（Monte Carlo）分析。

可见只有 D 是正确的。

参考答案

（48）D

试题（49）

下图是某项目成本风险的蒙特卡罗分析图。以下说法中不正确的是 (49) 。

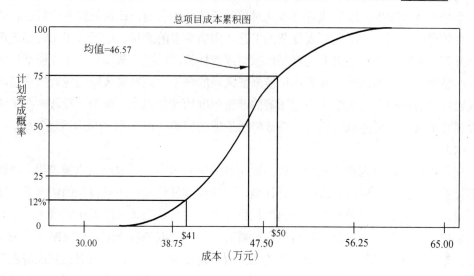

（49）A. 蒙特卡罗分析法也叫随机模拟法

B. 该图用于风险分析时，可以支持定量分析

C. 根据该图，41 万元完成的概率是 12%，如果要达到 75%的概率，需要增加 5.57 万元作为应急储备

D. 该图显示，用 45 万元的成本也可能完成计划

试题（49）分析

蒙特卡罗（Monte Carlo）分析也称为随机模拟法（A 是正确的），其基本思路是首先建立一个概率模型或随机过程，使它的参数等于问题的解，然后通过对模型或过程的观察计算所求参数的统计特征，最后给出所求问题的近似值，解的精度可以用估计值的标准误差表示。

该图为成本风险模拟结果图，可以支持风险的定量分析。故 B 是正确的。

从该图可以看出，项目在估算值 41 万元时完成的概率是 12%，如果要达到 75%的概率，需要 50 万元，即需要增加 9 万（41 万的 22%）。故 C 是不正确的。

用 45 万元的成本完成计划的概率应该在 25%～50%之间。故 D 是正确的。

参考答案

（49）C

试题（50）

某机构将一大型信息系统集成项目分成 3 个包进行招标，共有 3 家承包商中标，发包人与承包商应签署 (50) 。

（50）A．技术转让合同　　　　　　　　B．单项项目承包合同
　　　C．分包合同　　　　　　　　　　D．总承包合同

试题（50）分析

《中华人民共和国合同法》有如下相关规定：

第二百五十一条　承揽合同是承揽人按照定作人的要求完成工作，交付工作成果，定作人给付报酬的合同。承揽包括加工、定作、修理、复制、测试、检验等工作。

第二百七十二条　发包人可以与总承包人订立建设工程合同，也可以分别与勘察人、设计人、施工人订立勘察、设计、施工承包合同。发包人不得将应当由一个承包人完成的建设工程肢解成若干部分发包给几个承包人。

第三百四十二条　技术转让合同包括专利权转让、专利申请权转让、技术秘密转让、专利实施许可合同。技术转让合同应当采用书面形式。

故本题目中，发包人与承包商应签署单项项目承包合同。不是总承包合同、分包合同，也不是技术转让合同。

参考答案

（50）B

试题（51）

根据合同法规定，__（51）__不属于违约责任的承担方式。

（51）A．继续履行　　　　　　　　　B．采取补救措施
　　　C．支付约定违约金或定金　　　D．终止合同

试题（51）分析

根据《中华人民共和国合同法》"第七章　违约责任"的规定：

第一百零七条　当事人一方不履行合同义务或者履行合同义务不符合约定的，应当承担继续履行、采取补救措施或者赔偿损失等违约责任。

第一百一十四条　当事人可以约定一方违约时应当根据违约情况向对方支付一定数额的违约金，也可以约定因违约产生的损失赔偿额的计算方法。

约定的违约金低于造成的损失的，当事人可以请求人民法院或者仲裁机构予以增加；约定的违约金过分高于造成的损失的，当事人可以请求人民法院或者仲裁机构予以适当减少。

当事人就迟延履行约定违约金的，违约方支付违约金后，还应当履行债务。

第一百一十五条　当事人可以依照《中华人民共和国担保法》约定一方向对方给付定金作为债权的担保。债务人履行债务后，定金应当抵作价款或者收回。给付定金的一方不履行约定的债务的，无权要求返还定金；收受定金的一方不履行约定的债务的，应当双倍返还定金。

第一百一十六条　当事人既约定违约金，又约定定金的，一方违约时，对方可以选

择适用违约金或者定金条款。

由此可知 D 不属于违约责任的承担方式。

参考答案

（51）D

试题（52）

小张草拟了一份信息系统定制开发合同，其中写明"合同签订后建设单位应在 7 个工作日内向承建单位支付 60%合同款；系统上线并运行稳定后，建设单位应在 7 个工作日内向承建单位支付 30%合同款"。上述条款中存在的主要问题为 (52) 。

（52）A．格式不符合行业标准的要求　　　　B．措辞不够书面化

　　　　C．条款描述不清晰、不准确　　　　　D．名词术语不规范

试题（52）分析

信息系统定制开发合同属于技术合同。根据《中华人民共和国合同法》，技术合同的内容由当事人约定，一般包括以下条款：

（一）项目名称；

（二）标的的内容、范围和要求；

（三）履行的计划、进度、期限、地点、地域和方式；

（四）技术情报和资料的保密；

（五）风险责任的承担；

（六）技术成果的归属和收益的分成办法；

（七）验收标准和方法；

（八）价款、报酬或者使用费及其支付方式；

（九）违约金或者损失赔偿的计算方法；

（十）解决争议的方法；

（十一）名词和术语的解释。

本题目中合同条款的核心在于约定费用的分期支付，但此内容没有描述清楚分期支付的具体额度，"合同款"这种表述不清晰、不准确。故 C 是正确答案。

参考答案

（52）C

试题（53）

为保证合同订立的合法性，关于合同签订，以下说法不正确的是 (53) 。

（53）A．订立合同的当事人双方应当具有相应的民事权利能力和民事行为能力

　　　　B．为保障双方利益，应在合同正文部分或附件中清晰规定质量验收标准，并可在合同签署生效后协议补充

　　　　C．对于项目完成后发生技术性问题的处理与维护，如果合同中没有相关条款，默认维护期限为一年

D. 合同价款或者报酬等内容，在合同签署生效后，还可以进行协议补充

试题（53）分析

根据《中华人民共和国合同法》的规定：

第二条   本法所称合同是平等主体的自然人、法人、其他组织之间设立、变更、终止民事权利义务关系的协议。

第九条   当事人订立合同，应当具有相应的民事权利能力和民事行为能力。即 A 是正确的。

第六十一条   合同生效后，当事人就质量、价款或者报酬、履行地点等内容没有约定或者约定不明确的，可以协议补充；不能达成补充协议的，按照合同有关条款或者交易习惯确定。即 D 是正确的。

第三百二十四条   技术合同的内容由当事人约定，一般包括以下条款：

（一）项目名称；

（二）标的的内容、范围和要求；

（三）履行的计划、进度、期限、地点、地域和方式；

（四）技术情报和资料的保密；

（五）风险责任的承担；

（六）技术成果的归属和收益的分成办法；

（七）验收标准和方法；

（八）价款、报酬或者使用费及其支付方式；

（九）违约金或者损失赔偿的计算方法；

（十）解决争议的方法；

（十一）名词和术语的解释。

与履行合同有关的技术背景资料、可行性论证和技术评价报告、项目任务书和计划书、技术标准、技术规范、原始设计和工艺文件，以及其他技术文档，按照当事人的约定可以作为合同的组成部分。即 B 是正确的。

合同法没有对于项目完成后发生技术性问题的处理与维护问题、维护期限问题进行约定。故 C 是错误的。

参考答案

（53）C

试题（54）

下述关于项目合同索赔处理的叙述中，不正确的是 (54)。

（54）A. 按业务性质分类，索赔可分为工程索赔和商务索赔

B. 项目实施中的会议纪要和来往文件等不能作为索赔依据

  C．建设单位向承建单位要求的赔偿称为反索赔

  D．项目发生索赔事件后一般先由监理工程师调解

试题（54）分析

  索赔是在工程承包合同履行中，当事人一方由于另一方未履行合同所规定的义务而遭受损失时，向另一方提出赔偿要求的行为。在实际工作中，"索赔"是双向的，建设单位和承建单位都可能提出索赔要求。通常情况下，索赔是指承建单位在合同实施过程中，对非自身原因造成的工程延期、费用增加而要求建设单位给予补偿损失的一种权利要求。而建设单位对于属于承建单位应承担责任造成的，且实际发生了的损失，向承建单位要求赔偿，称为反索赔。索赔的性质属于经济补偿行为，而不是惩罚。索赔在一般情况下都可以通过协商方式友好解决，若双方无法达成妥协时，可通过仲裁解决。可见 C 是正确的。

  索赔可以从不同的角度、按不同的标准进行以下分类，常见的分类方式有按索赔的目的分类、按索赔的依据分类、按索赔的业务性质分类和按索赔的处理方式分类等。

  （1）按索赔的目的分类

  可分为工期索赔和费用索赔。工期索赔就是要求业主延长施工时间，使原规定的工程竣工日期顺延，从而避免了违约罚金的发生；费用索赔就是要求业主或承包商双方补偿费用损失，进而调整合同价款。

  （2）按索赔的依据分类

  可分为合同规定的索赔和非合同规定的索赔。合同规定的索赔是指索赔涉及的内容在合同文件中能够找到依据，业主或承包商可以据此提出索赔要求。这种索赔不太容易发生争议；非合同规定的索赔是指索赔涉及的内容在合同文件中没有专门的文字叙述，但可以根据该合同某些条款的含义，推论出一定的索赔权。

  （3）按索赔的业务性质分类

  可分为工程索赔和商务索赔。工程索赔是指涉及工程项目建设中施工条件或施工技术、施工范围等变化引起的索赔，一般发生频率高，索赔费用大；商务索赔是指实施工程项目过程中的物资采购、运输和保管等方面引起的索赔事项。即 A 是正确的。

  （4）按索赔的处理方式分类

  可分为单项索赔和总索赔。单项索赔就是采取一事一索赔的方式，即每一件索赔事项发生后，报送索赔通知书，编报索赔报告，要求单项解决支付，不与其他的索赔事项混在一起；总索赔，又称综合索赔或一揽子索赔，即对整个工程（或某项工程）中所发生的数起索赔事项综合在一起进行索赔。

  合同索赔依据：

  索赔必须以合同为依据。根据我国有关规定，索赔应依据下面内容。

  （1）国家有关的法律（如《合同法》）、法规和地方法规。

（2）国家、部门和地方有关信息系统工程的标准、规范和文件。

（3）本项目的实施合同文件，包括招标文件、合同文本及附件。

（4）有关的凭证，包括来往文件、签证及更改通知、会议纪要、进度表、产品采购单据等。

（5）其他相关文件，包括市场行情记录、各种会计核算资料等。

故项目实施中的会议纪要和来往文件等可以作为索赔依据，可见 B 是错误的。

索赔程序：

项目发生索赔事件后，一般先由监理工程师调解，若调解不成，由政府建设主管机构进行调解，若仍调解不成，由经济合同仲裁委员会进行调解或仲裁。在整个索赔过程中，遵循的原则是索赔的有理性、索赔依据的有效性、索赔计算的正确性。即 D 是正确的。

故 B 是正确答案。

参考答案

（54）B

试题（55）

某信息系统集成项目实施期间，因建设单位指定的系统部署地点所处的大楼进行线路改造，导致项目停工一个月，由于建设单位未提前通知承建单位，导致双方在项目启动阶段协商通过的项目计划无法如期履行。根据我国有关规定，承建单位 （55）。

（55）A．可申请延长工期补偿，也可申请费用补偿

　　　 B．可申请延长工期补偿，不可申请费用补偿

　　　 C．可申请费用补偿，不可申请延长工期补偿

　　　 D．无法取得补偿

试题（55）分析

合同索赔的重要前提条件是合同一方或双方存在违约行为和事实，并且由此造成了损失，责任应由对方承担。对提出的合同索赔，凡属于客观原因造成的延期、属于业主也无法预见到的情况，如特殊反常天气，达到合同中特殊反常天气的约定条件，承包商可能得到延长工期，但得不到费用补偿。对于属于业主方面的原因造成拖延工期，不仅应给承包商延长工期，还应给予费用补偿。

本题目中由于建设单位的原因，导致项目停工一个月，双方在项目启动阶段协商通过的项目计划无法如期履行。承建单位不但可申请延长工期补偿，还可申请费用补偿，即 A 是正确的。

参考答案

（55）A

试题（56）

某机构信息系统集成项目进行到项目中期，建设单位单方面终止合作，承建单位于

2010 年 7 月 1 日发出索赔通知书，承建单位最迟应在（56）之前向监理方提出延长工期和（或）补偿经济损失的索赔报告及有关资料。

（56）A．2010 年 7 月 31 日　　　　　　B．2010 年 8 月 1 日
　　　 C．2010 年 7 月 29 日　　　　　　D．2010 年 7 月 16 日

试题（56）分析

项目发生索赔事件后，一般先由监理工程师调解，若调解不成，由政府建设主管机构进行调解，若仍调解不成，由经济合同仲裁委员会进行调解或仲裁。在整个索赔过程中，遵循的原则是索赔的有理性、索赔依据的有效性、索赔计算的正确性。

（1）提出索赔要求。

当出现索赔事项时，索赔方以书面的索赔通知书形式，在索赔事项发生后的 28 天以内，向监理工程师正式提出索赔意向通知。

（2）报送索赔资料。

在索赔通知书发出后的 28 天内，向监理工程师提出延长工期和（或）补偿经济损失的索赔报告及有关资料。索赔报告的内容主要有总论部分、根据部分、计算部分和证据部分。

索赔报告编写的一般要求如下。

① 索赔事件应该真实。

② 责任分析应清楚、准确、有根据。

③ 充分论证事件给索赔方造成的实际损失。

④ 索赔计算必须合理、正确。

⑤ 文字要精炼，条理要清楚，语气要中肯。

（3）监理工程师答复。

监理工程师在收到送交的索赔报告及有关资料后，于 28 天内给予答复，或要求索赔方进一步补充索赔理由和证据。

（4）监理工程师逾期答复后果。

监理工程师在收到承包人送交的索赔报告及有关资料后 28 天未予答复或未对承包人作进一步要求，视为该项索赔已经认可。

（5）持续索赔。

当索赔事件持续进行时，索赔方应当阶段性向监理工程师发出索赔意向，在索赔事件终了后 28 天内，向监理工程师送交索赔的有关资料和最终索赔报告，监理工程师应在 28 天内给予答复或要求索赔方进一步补充索赔理由和证据。逾期未答复，视为该项索赔成立。

（6）仲裁与诉讼。

监理工程师对索赔的答复，索赔方或发包人不能接受，即进入仲裁或诉讼程序。

由此可知 C 是正确答案。

参考答案

（56）C

试题（57）

小张最近被任命为公司某信息系统开发项目的项目经理，正着手制定沟通管理计划，下列选项中 (57) 属于小张应该采取的主要活动。

①找到业主，了解业主的沟通需求　　②明确文档的结构

③确定项目范围　　　　　　　　　　④明确发送信息的格式

（57）A. ①②③④　　　　B. ①②④　　　　C. ①③④　　　　D. ②③④

试题（57）分析

在日常实践中，沟通管理计划编制过程一般分为如下几个步骤：

（1）确定干系人的沟通信息需求，即哪些人需要沟通，谁需要什么信息，什么时候需要以及如何把信息发送出去。

（2）描述信息收集和文件归档的结构。

（3）信息交流的形式和方式，主要指创建信息发送的档案：获得信息的访问方法。

通常，沟通计划编制的第一步就是干系人分析，得出项目中沟通的需求和方式，进而形成较为准确的沟通需求表，然后再针对需求进行计划编制。

故 B 是正确答案。

参考答案

（57）B

试题（58）

在项目沟通管理过程中存在若干影响因素，其中潜在的技术影响因素包括 (58)。

①对信息需求的迫切性　　②资金是否到位

③预期的项目人员配备　　④项目环境　　⑤项目时间的长短

（58）A. ①③④⑤　　　　B. ①②③④　　　　C. ①②④⑤　　　　D. ②③④⑤

试题（58）分析

沟通技术是项目管理者在沟通时需要采用的方式和需要考虑的限定条件。影响项目沟通的技术因素如下。

（1）对信息需求的紧迫性。项目的成败与否取决于能否即刻调出不断更新的信息？还是只要有定期发布的书面报告就已足够？

（2）技术是否到位。已有的沟通系统能否满足要求？还是项目需求足以证明有改进的必要？

（3）预期的项目人员配备。所建议的沟通系统是否适合项目参与者的经验与特长？还是需要大量的培训与学习？

（4）项目时间的长短。现有沟通技术在项目结束前是否有变化的可能？

（5）项目环境。项目团队是以面对面的方式进行工作和交流，还是在虚拟的环境下进行工作和交流？

由此可见 A 是正确答案。

参考答案

（58）A

试题（59）

某公司正在编制项目干系人沟通的计划，以下选项中　(59)　属于干系人沟通计划的内容。

　①干系人需要哪些信息　　　②各类项目文件的访问路径

　③各类项目文件的内容　　　④各类项目文件的接受格式　　　⑤各类文件的访问权限

（59）A．①②③④⑤　　　　B．①②③④　　　　C．①②④⑤　　　　D．②③④⑤

试题（59）分析

在了解和调查干系人之后，就可以根据干系人的需求进行分析和应对，制定干系人沟通计划。其主要内容是：项目成员可以看到哪些信息，项目经理需要哪些信息，高层管理者需要哪些信息以及客户需要哪些信息等；文件的访问权限、访问路径以及文件的接受格式等。

根据项目团队组织结构确定内部人员的信息浏览权限，还需要考虑客户、客户的领导层和分包商等关键的干系人的沟通需求。

项目还应该在初期计划的时候规定好一些主要的沟通规则。例如，哪类事情是由谁来发布、哪些会议由谁来召集、由谁来发布正式的文档等。

以上内容都应反映到沟通管理计划中。

所以 C 是正确答案。

参考答案

（59）C

试题（60）

某项目建设方没有聘请监理，承建方项目组在编制采购计划时可包括的内容有　(60)　。

　①第三方系统测试服务　②设备租赁　③建设方按照进度计划提供的货物

　④外部聘请的项目培训

（60）A．①②③　　　　B．②③④　　　　C．①③④　　　　D．①②④

试题（60）分析

有些产品、服务和成果，项目团队不能自己提供，需要采购。或者即使项目团队能够自己提供，但有可能购买比由项目团队完成更合算。所以编制采购计划过程的第一步是要确定项目的某些产品、服务和成果是项目团队自己提供还是通过采购来满足，然后确定采购的方法和流程以及找出潜在的卖方，确定采购多少，确定何时采购，并把这些结果都写到项目采购计划中。

需要采购的内容应该包括由项目组之外的其他组织提供的产品、服务和成果。本题目中"①第三方系统测试服务、②设备租赁、④外部聘请的项目培训"都应属于采购计划中可以包括的内容。"③建设方按照进度计划提供的货物"不属于此范畴。故 D 是正确答案。

参考答案

（60）D

试题（61）

编制采购计划时，项目经理把一份"计算机的配置清单及相关的交付时间要求"提交给采购部。关于该文件与工作说明书的关系，以下表述 (61) 是正确的。

（61）A．虽然能满足采购需求，但它是物品清单不是工作说明书

B．该清单不能作为工作说明书，不能满足采购验收需要

C．与工作说明书主要内容相符

D．工作说明书由于很专业，应由供应商编制

试题（61）分析

对所购买的产品、成果或服务来说，采购工作说明书定义了与合同相关的部分项目范围。每个采购工作说明书来自项目范围基准。

采购工作说明书描述足够的细节，以允许预期的卖方确定他们是否有提供买方所需的产品、成果或服务的能力。这些细节将随采购物的性质、买方的需要或预期的合同形式而变化。采购工作说明书描述了由卖方提供的产品、服务或者成果。采购工作说明书中的信息有规格说明书、期望的数量和质量的等级、性能数据、履约期限、工作地以及其他要求。

采购工作说明书应写得清楚、完整和简单明了，包括附带的服务描述，例如与采购物品相关的绩效报告或者售后技术支持。在一些应用领域中，对于一份采购工作说明书有具体的内容和格式要求。每一个单独的采购项需要一个工作说明书。然而，多个产品或者服务也可以组成一个采购项，写在一个工作说明书里。

下表是一个工作说明书的样本。工作说明书应该清楚地描述工作的具体地点、完成的预定期限、具体的可交付成果、付款方式和期限、相关质量技术指标、验收标准等内容。一份优秀的工作说明书可以让供应商对买方的需求有较为清晰的了解，便于供应商提供相应产品和服务。

项目采购工作说明书

1. 采购目标

详细描述采购目标。

2. 采购工作范围

详细描述本次采购各个阶段要完成的工作。

详细说明所采用的软硬件以及功能、性能。

3. 工作地点

工作进行的具体地点。

详细阐明软硬件所使用的地方。

员工必须在哪里和什么方式工作。

4. 产品及服务的供货周期

详细说明每项工作的预计开始时间、结束时间和工作时间等。

相关的进度信息。

5. 适用标准

6. 验收标准

7. 其他要求

由此可知，本题中的"计算机的配置清单及相关的交付时间要求"与项目采购工作说明书有本质的不同。它的内容与工作说明书主要内容不相符。它不能作为工作说明书，不能满足采购验收需要。它是由项目组出具，经项目管理团队批准的。即 A、C、D 都是错误的，B 是正确的。

参考答案

（61）B

试题（62）

某市经济管理部门规划经济监测信息系统，由于该领域的专业性和复杂性，拟采取竞争性谈判的方式进行招标。该部门自行编制谈判文件并在该市政府采购信息网发布采购信息，谈判文件要求自谈判文件发出 12 天内提交投标文档，第 15 天进行竞争性谈判。谈判小组由建设方代表 1 人、监察部门 1 人、技术专家 5 人共同组成，并邀请 3 家有行业经验的 IT 厂商参与谈判。在此次竞争性谈判中存在的问题是 （62）。

（62）A．该部门不应自行编制谈判文件，应委托中介机构编制

　　　　B．谈判文件发布后 12 日提交投标文件违反了"招投标类采购自招标文件发出之日起至投标人提交投标文件截止之日止，不得少于 20 天"的要求。

　　　　C．应邀请 3 家以上（不含 3 家）IT 厂商参与谈判

　　　　D．谈判小组人员组成不合理

试题（62）分析

《中华人民共和国政府采购法》第三十五条规定：货物和服务项目实行招标方式采购的，自招标文件开始发出之日起至投标人提交投标文件截止之日止，不得少于二十日。采购法中只针对项目实行招标方式采购的提交投标文件截止时间有要求，本项目不属于招标类采购，故 B 是错误的。）

第三十八条规定：采用竞争性谈判方式采购的，应当遵循下列程序：

（一）成立谈判小组。谈判小组由采购人的代表和有关专家共三人以上的单数组成，其中专家的人数不得少于成员总数的 2/3。（本题目中的谈判小组共 5 人，技术专家 3 人，技术专家不足 2/3，故 D 是正确的。）

（二）制定谈判文件。谈判文件应当明确谈判程序、谈判内容、合同草案的条款以及评定成交的标准等事项。（采购法中没有规定谈判文件的制定方，故 A 是错误的。）

（三）确定邀请参加谈判的供应商名单。谈判小组从符合相应资格条件的供应商名单中确定不少于三家的供应商参加谈判，并向其提供谈判文件。（故 C 是错误的。）

（四）谈判。谈判小组所有成员集中与单一供应商分别进行谈判。在谈判中，谈判的任何一方不得透露与谈判有关的其他供应商的技术资料、价格和其他信息。谈判文件有实质性变动的，谈判小组应当以书面形式通知所有参加谈判的供应商。

（五）确定成交供应商。谈判结束后，谈判小组应当要求所有参加谈判的供应商在规定时间内进行最后报价，采购人从谈判小组提出的成交候选人中根据符合采购需求、质量和服务相等且报价最低的原则确定成交供应商，并将结果通知所有参加谈判的未成交的供应商。

因此本题目的正确答案是 D。

参考答案

（62）D

试题（63）

某企业 ERP 项目拟采用公开招标方式选择系统集成商，2010 年 6 月 9 日上午 9 时，企业向通过资格预审的甲、乙、丙、丁、戊 5 家企业发出了投标邀请书，规定投标截止时间为 2010 年 7 月 19 日下午 5 时。甲、乙、丙、戊 4 家企业在截止时间之前提交投标文件，但丁企业于 2010 年 7 月 20 日上午 9 时才送达投标文件。

在评标过程中，专家组确认：甲企业投标文件有项目经理签字并加盖公章，但无法定代表人签字；乙企业投标报价中的大写金额与小写金额不一致；丙企业投标报价低于标底和其他四家的报价较多。以下论述不正确的是 （63） 。

（63）A. 丁企业投标文件逾期，应不予接受

　　　 B. 甲企业无法定代表人签字，做废标处理

　　　　C．丙企业报价不合理，做废标处理

　　　　D．此次公开招标依然符合投标人不少于三个的要求

试题（63）分析

　　在《中华人民共和国招标投标法》中有如下规定：

　　第二十八条　投标人应当在招标文件要求提交投标文件的截止时间前，将投标文件送达投标地点。招标人收到投标文件后，应当签收保存，不得开启。投标人少于三个的，招标人应当依照本法重新招标。

　　在招标文件要求提交投标文件的截止时间后送达的投标文件，招标人应当拒收。

　　故 A 是正确的。

　　第二十七条　投标人应当按照招标文件的要求编制投标文件。投标文件应当对招标文件提出的实质性要求和条件作出响应。

　　通常，评标时对于有以下情况之一的投标书，按废标处理：（1）投标人或投标设备来自非指定区域或国度；（2）投标人未提交投标保证金或金额不足、保函有效期不足、投标保证金形式或出证银行不符合招标文件要求的；（3）无银行资信证明；（4）代理商投标，投标书中无货源证明，或无主要设备制造厂有效委托书的；（5）投标书无法人代表签字，或无法人代表有效委托书的；（6）投标有效期不足的。

　　由此可见 B 是正确的。

　　第三十三条　投标人不得以低于成本的报价竞标，也不得以他人名义投标或者以其他方式弄虚作假，骗取中标。

　　第四十一条　中标人的投标应当符合下列条件之一：

　　（一）能够最大限度地满足招标文件中规定的各项综合评价标准；

　　（二）能够满足招标文件的实质性要求，并且经评审的投标价格最低；但是投标价格低于成本的除外。

　　从第三十三条和第四十一条可以看出，对于投标价格与中标价格的规定与是否低于成本价相关，与是否低于标底无关。故 C 是错误的。

　　由上述分析可知，目前标书被废掉的有丁、甲，满足要求的有乙、丙、戊，故 D 是正确的。

　　所以本题的正确答案为 C。

参考答案

　　（63）C

试题（64）

　　甲公司承担了某市政府门户网站建设项目，与该市信息中心签订了合同。在设计页面的过程中，经过多轮讨论和修改，页面在两周前终于得到了信息中心的认可，项目进

入开发实施阶段。然而，信息中心本周提出，分管市领导看到页面设计后不是很满意，要求重新设计页面。但是，如果重新设计页面，可能会影响项目工期，无法保证网站按时上线。在这种情况下，项目经理最恰当的做法是（64）。

（64）A. 坚持原设计方案，因为原页面已得到客户认可

B. 让设计师加班加点，抓紧时间修改页面

C. 向领导争取网站延期上线，重新设计页面

D. 评估潜在的工期风险，再决定采取何种应对措施

试题（64）分析

项目是为达到特定的目的、使用一定资源、在确定的期间内、为特定发起人而提供独特的产品、服务或成果而进行的一次性努力。

项目目标包括成果性目标和约束性目标。项目的成果性目标有时也简称为项目目标，指通过项目开发出的满足客户要求的产品、系统、服务或成果。项目的约束性目标也叫管理性目标，是指完成项目成果性目标需要的时间、成本以及要求满足的质量。

项目经理的首要责任就是要满足项目目标。本题中给出了项目的核心目标：重新设计页面，网站按时上线。可见：

"坚持原设计方案，因为原页面已得到客户认可"不能满足项目目标，故 A 是错误的。

"让设计师加班加点，抓紧时间修改页面"没有计划，仍不一定满足进度要求，故 B 是不恰当的。

"向领导争取网站延期上线，重新设计页面"不能满足网站按时上线的要求，故 C 不是恰当做法。

题目中已说明，如果重新设计页面，可能会影响项目工期。那么为了确保满足工期目标应该对工期风险有充分的认识，做好应对计划，并严格按计划执行。"评估潜在的工期风险，再决定采取何种应对措施"是为了满足项目目标的妥善做法。故 D 是恰当的。

参考答案

（64）D

试题（65）、（66）

某公司最近承接了一个大型信息系统项目，项目整体压力较大，对这个项目中的变更，可以使用（65）等方式提高效率。

①分优先级处理　　②规范处理　　③整批处理　　④分批处理

（65）A. ①②③　　　　B. ①②④　　　　C. ②③④　　　　D. ①③④

合同变更控制系统规定合同修改的过程，包括（66）。

①文书工作　　　　②跟踪系统　　　③争议解决程序　④合同索赔处理

（66）A.①②③　　　B.②③④　　　C.①②④　　　D.①③④

试题（65）、（66）分析

由于变更的实际情况千差万别，可能简单，也可能相当复杂。越是大型的项目，调整项目基准的边际成本越高，随意地调整可能带来的麻烦也越大越多，包括基准失效、项目干系人冲突、资源浪费和项目执行情况混乱等。

在项目整体压力较大的情况下，更需强调变更的提出、处理应当规范化，可以使用分批处理、分优先级等方式提高效率。

项目规模小、与其他项目的关联度小时，变更的提出与处理过程可在操作上力求简便、高效，但仍应注意以下几点。

（1）对变更产生的因素施加影响。防止不必要的变更，减少无谓的评估，提高必要变更的通过效率。

（2）对变更的确认应当正式化。

（3）变更的操作过程应当规范化。

由此可知，对于大型、项目整体压力较大的信息系统项目中的变更，要提高效率，强调变更的规范化、次序化，不能整批处理。故试题（65）中 B 是正确的。

合同变更控制系统规定合同修改的过程，包括文书工作、跟踪系统、争议解决程序以及批准变更所需的审批层次。合同变更控制系统应当与整体变更控制系统结合起来。

由此可知合同变更控制系统规定合同修改的过程不包括合同索赔处理，即试题（66）中 A 是正确的。

参考答案

（65）B　　（66）A

试题（67）

甲公司承担的某系统开发项目，在进入开发阶段后，出现了一系列质量问题。为此，项目经理召集项目团队，列出问题，并分析问题产生的原因。结果发现，绝大多数的问题都是由几个原因造成的，项目组有针对性地采取了一些措施。这种方法属于__(67)__法。

（67）A.因果图　　　B.控制图　　　C.排列图　　　D.矩阵图

试题（67）分析

因果图：又叫因果分析图、石川图或鱼刺图。因果图直观地反映了影响项目的各种潜在原因或结果及其构成因素同各种可能出现的问题之间的关系。

因果图法是全世界广泛采用的一项技术。该技术首先确定结果（质量问题），然后分析造成这种结果的原因。每个"刺"都代表着可能的差错原因，用于查明质量问题的可能所在和设立相应检验点。它可以帮助项目组事先估计可能会发生哪些质量问题，然后，制定解决这些问题的途径和方法。

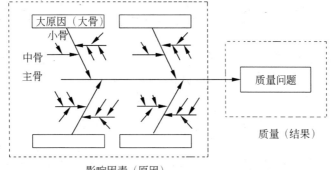

影响因素（原因）

控制图：又叫管理图、趋势图，它是一种带控制界限的质量管理图表。运用控制图的目的之一是，通过观察控制图上产品质量特性值的分布状况，分析和判断生产过程是否发生了异常，一旦发现异常就要及时采取必要的措施加以消除，使生产过程恢复稳定状态。也可以应用控制图来使生产过程达到统计控制的状态。产品质量特性值的分布是一种统计分布，因此，绘制控制图需要应用概率论的相关理论和知识。

控制图是对生产过程质量的一种记录图形，图上有中心线和上下控制界限，并有反映按时间顺序抽取的各样本统计量的数值点。中心线是所控制的统计量的平均值，上下控制界限与中心线相距数倍标准差。多数的制造业应用三倍标准差控制界限，如果有充分的证据也可以使用其他控制界限。

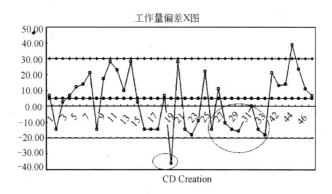

CD Creation

排列图：也被称为帕累托图，是按照发生频率大小顺序绘制的直方图，表示有多少结果是由已确认类型或范畴的原因所造成的。按等级排序的目的是指导如何采取主要纠正措施。项目团队应首先采取措施纠正造成最多数量缺陷的问题。从概念上说，帕累托图与帕累托法则一脉相承，该法则认为：相对来说数量较小的原因往往造成绝大多数的问题或者缺陷。此项法则往往称为二八原理，即 80% 的问题是 20% 的原因所造成的。也可使用帕累托图汇总各种类型的数据，进行二八分析。

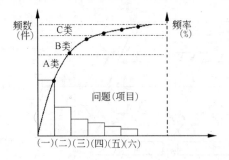

矩阵图：矩阵图是指借助数学的矩阵形式，把与问题有对应关系的各个因素列成一个矩阵；然后，根据矩阵图的特点进行分析，从中确定关键点（或着眼点）的方法。这种方法先把要分析问题的因素分为两大群（如 R 群和 L 群），把属于因素群 R 的因素（R1、R2、…、Rm ）和属于因素群 L 的因素（L1、L2、…、Ln ）分别排列成行和列。在行和列的交点上表示着 R 和 L 的各因素之间的关系，这种关系可用不同的记号予以表示（如用"o"表示有关系等）。这种方法用于多因素分析时，可做到条理清楚、重点突出。它在质量管理中可用于寻找新产品研制和老产品改进的着眼点，寻找产品质量问题产生的原因等方面。

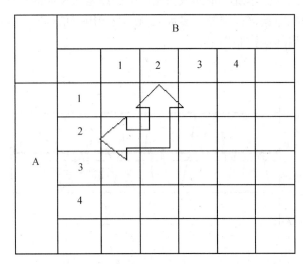

矩阵图的示意图（L型）

本题目中识别出了产生绝大多数问题的核心因素，此方法属于排列图法。即 C 是正确的。

参考答案

（67）C

试题（68）

在质量管理中可使用下列各图作为管理工具，这 4 种图按顺序号从小到大依次

是　(68)　。

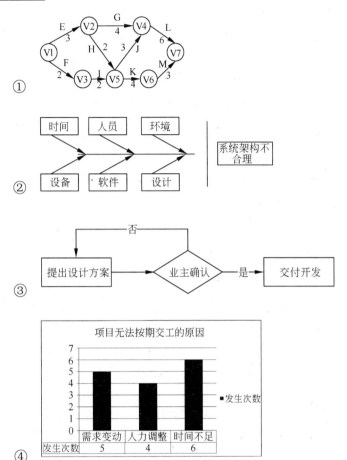

①

②

③

④

（68）A．相互关系图、控制图、流程图、排列图
　　　 B．网络活动图、因果图、流程图、直方图
　　　 C．网络活动图、因果图、过程决策程序图、直方图
　　　 D．相互关系图、控制图、过程决策程序图、排列图

试题（68）分析

图①为活动网络图法，又称箭条图法、矢线图法，是网络图在质量管理中的应用。活动网络图法用箭线表示活动，活动之间用节点（称作"事件"）连接，表示"结束——开始"关系，可以用虚工作线表示活动间的逻辑关系。每个活动必须用唯一的紧前事件和唯一的紧后事件描述；紧前事件编号要小于紧后事件编号；每一个事件必须有唯一的事件号。它是计划评审法在质量管理中的具体运用，使质量管理的计划安排具有时间进度内容的一种方法。它有利于从全局出发，统筹安排，抓住关键线路，集中力量，按时

或提前完成计划。

图②为因果图，又叫因果分析图、石川图或鱼刺图。因果图直观地反映了影响项目的各种潜在原因或结果及其构成因素同各种可能出现的问题之间的关系。

因果图法是全世界广泛采用的一项技术。该技术首先确定结果（质量问题），然后分析造成这种结果的原因。每个"刺"都代表着可能的差错原因，用于查明质量问题的可能所在和设立相应检验点。它可以帮助项目组事先估计可能会发生哪些质量问题，然后，制定解决这些问题的途径和方法。

图③展示了从设计到开发的流程，该流程图体现了设计评审需经业主确认，业主同意后才能交付开发。

图④是直方图。直方图／柱形图指一种横道图，可反映各变量的分布。每一栏代表一个问题或情况的一个特征或属性。每个栏的高度代表该种特征或属性出现的相对频率。

因此 B 是正确答案。

参考答案

（68）B

试题（69）

甲公司最近中标某市应急指挥系统建设，为保证项目质量，项目经理在明确系统功能和性能的过程中，以本省应急指挥系统为标杆，定期将该项目的功能和性能与之比较。这种方法属于_(69)_。

（69）A．实验设计法　　B．相互关系图法　　C．优先矩阵图法　　D．基准比较法

试题（69）分析

实验设计法：实验设计法是一种统计方法，它帮助确定影响特定变量的因素。此项技术最常用于项目产品的分析，例如，计算机芯片设计者可能想确定材料与设备如何组合，才能以合理的成本生产最可靠的芯片。实验设计也能用于诸如成本与进度权衡的项目管理问题。例如，高级程序员的成本要比初级程序员高得多，但可以预期他们在较短时间内完成指派的工作。恰当地设计"实验"（高级程序员与初级程序员的不同组合计算项目成本与历时）往往可以从为数有限的方案中确定最优的解决方案。

相互关系图法：相互关系图法是指用连线图来表示事物相互关系的一种方法。它也叫关系图法。专家们将此绘制成一个表格。图表中各种因素 A，B，C，D，E，F，G 之间有一定的因果关系。其中因索 B 受到因素 A，C，E 的影响，它本身又影响到因素 F，而因素 F 又影响着因素 C 和 G，……，这样，找出因素之间的因果关系，便于统观全局，分析研究以及拟定出解决问题的措施和计划。

优先矩阵图法：优先矩阵图法也被认为是矩阵数据分析法，与矩阵图法类似，它能清楚地列出关键数据的格子，将大量数据排列成阵列，能够容易地看到和了解关键数据。将与达到目的最优先考虑的选择或二选一的抉择有关系的数据，用一个简略的、双轴的

相互关系图表示出来，相互关系的程度可以用符号或数值来代表。它区别于矩阵图法的是：不是在矩阵图上填符号，而是填数据，形成一个分析数据的矩阵。它是一种定量分析问题的方法。应用这种方法，往往要需要借助计算机来求解。

基准比较法： 基准比较是指将项目的实际做法或计划做法与其他项目的实践相比较，从而产生改进的思路并提出度量绩效的标准。其他项目既可以是实施组织内部的，也可以是外部的，既可以来自同一应用领域，也可以来自其他领域。

故本题目中"以本省应急指挥系统为标杆，定期将该项目的功能和性能与之比较"的方法应该是 D。

参考答案

（69）D

试题（70）

关于项目质量审计的叙述中，　(70)　是不正确的。

（70）A．质量审计是对其他质量管理活动的结构化和独立的评审方法

　　　　B．质量审计可以内部完成，也可以委托第三方完成

　　　　C．质量审计应该是预先计划的，不应该是随机的

　　　　D．质量审计用于判断项目活动是否遵从于项目定义的过程

试题（70）分析

质量审计是对其他质量管理活动的结构化和独立的评审方法，用于判断项目活动的执行是否遵从于组织及项目定义的方针、过程和规程。质量审计的目标是：识别在项目中使用的低效率以及无效果的政策、过程和规程。后续对质量审计结果采取纠正措施的努力，将会达到降低质量成本和提高客户或（组织内的）发起人对产品和服务的满意度的目的。质量审计可以是预先计划的，也可以是随机的；可以是组织内部完成，也可以委托第三方（外部）组织来完成。质量审计还确认批准过的变更请求、纠正措施、缺陷修订以及预防措施的执行情况。

故选项 A，B 和 D 都是正确的。选项 C 是不对的。

参考答案

（70）C

试题（71）

OSI is a theoretical model that shows how any two different systems can communicate with each other. Router, as a networking device ,operate at the　(71)　layer of the OSI model.

（71）A．transport　　　　B．application　　　　C．network　　　　D．physical

试题（71）分析

OSI 是 Open System Interconnect 的缩写，意为开放式系统互联。国际标准组织制定

了 OSI 模型。这个模型把网络通信的工作分为 7 层，分别是物理层、数据链路层、网络层、传输层、会话层、表示层和应用层。

路由器（Router）是运行在 OSI 中网络层（network）上的网络通信设备，而不是传输层（transport layer）、应用层（application layer），或物理层（physical layer），因此选 C。

参考答案

（71）C

试题（72）

Most of the host operating system provides a way for a system administrator to manually configure the IP information needed by a host. Automated configuration methods, such as __(72)__, are required to solve the problem.

（72）A. IPSec　　　　B. DHCP　　　　C. PPTP　　　　D. SOAP

试题（72）分析

动态主机设置协议（Dynamic Host Configuration Protocol，DHCP）是一个局域网的网络协议，使用 UDP 协议工作，主要用途是给内部网络或网络服务供应商自动分配 IP 地址给用户，给内部网络管理员作为对所有计算机作中央管理的手段。

Internet 协议安全性（IPSec）是一种开放标准的框架结构，通过使用加密的安全服务以确保在 Internet 协议（IP）网络上进行保密而安全的通信。

PPTF 协议是在 PPP 协议的基础上开发的一种新的增强型安全协议，支持多协议虚拟专用网（VPN），可以通过密码身份验证协议（PAP）、可扩展身份验证协议（EAP）等方法增强安全性。可以使远程用户通过拨入 ISP、通过直接连接 Internet 或其他网络安全地访问企业网。

简单对象访问协议（SOAP）是一种轻量的、简单的、基于 XML 的协议，它被设计成在 Web 上交换结构化的和固化的信息。SOAP 可以和现存的许多因特网协议和格式结合使用，包括超文本传输协议（HTTP），简单邮件传输协议（SMTP），多用途网际邮件扩充协议（MIME）。它还支持从消息系统到远程过程调用（RPC）等大量的应用程序。

用于配置 IP 信息的是 DHCP 协议，因此选 B。

参考答案

（72）B

试题（73）

Business intelligence (BI) is the integrated application of data warehouse, data mining and __(73)__.

（73）A. OLAP　　　　B. OLTP　　　　C. MRPⅡ　　　　D. CMS.

试题（73）分析

商业智能（BI）是数据仓库、OLAP 和数据挖掘等技术的综合应用。

联机分析处理（OLAP）是共享多维信息的、针对特定问题的联机数据访问和分析的快速软件技术。它通过对信息的多种可能的观察形式进行快速、稳定一致和交互性的存取，允许管理决策人员对数据进行深入观察。

On-Line Transaction Processing联机事务处理系统（OLTP），也称为面向交易的处理系统，其基本特征是顾客的原始数据可以立即传送到计算中心进行处理，并在很短的时间内给出处理结果。

MRPII 是制造资源计划 Manufacturing Resource Planning 的缩写；

CMS 是 Content Management System 的缩写，意为内容管理系统，它具有许多基于模板的优秀设计，可以加快网站开发的速度和减少开发的成本。CMS 的功能并不只限于文本处理，它也可以处理图片、Flash 动画、声像流、图像甚至电子邮件档案。

因此选 A。

参考答案

（73）A

试题（74）

Perform Quality Control is the process of monitoring and recording results of executing the Quality Plan activities to assess performance and recommend necessary changes.（74） are the techniques and tools in performing quality control.

① Statistical sampling　　　② Run chart

③ Control charts　　　　　④ Critical Path Method

⑤ Pareto chart　　　　　　⑥ Cause and effect diagrams

（74）　A.①②③④　　B.②③④⑤　　　C.①②③⑤⑥　　　D.①③④⑤⑥

试题（74）分析

实现项目质量控制的方法、技术和工具包括统计抽样（Statistical sampling）、运行图（Run chart）、控制图（Control charts）、帕累托图（Pareto chart），以及因果图（Cause and effect diagrams）等。

关键路径法（Critical Path Method）是制定项目进度计划的方法，因此选 C。

参考答案

（74）C

试题（75）

Plan Quality is the process of identifying quality requirements and standards for the project and product, and documenting how the project will demonstrate compliance.（75） is a method that analyze all the costs incurred over the life of the product by investment in preventing nonconformance to requirements, appraising the product or service for conformance to requirement, and failing to meet requirements.

（75）A.Cost-Benefit analysis　　　　　B.Control charts

C．Quality function deployment　　D．Cost of quality analysis

试题（75）分析

质量分析成本（Cost of quality analysis）是对产品或服务进行需求一致性分析所产生的成本；

成本效益分析（Cost-Benefit analysis）是通过比较项目的全部成本和效益来评估项目价值的一种方法；

控制图（Control charts）是项目质量控制方法；

质量功能展开（Quality function deployment）是把顾客或市场的要求转化为设计要求、零部件特性、工艺要求、生产要求的多层次演绎分析方法。

因此选 D。

参考答案

（75）D

第8章 2010 下半年系统集成项目管理工程师
下午试题分析与解答

试题一（15 分）

阅读下列说明，回答问题 1 至问题 3，将解答填入答题纸的对应栏内。

【说明】

某信息系统集成公司（承建方）成功中标当地政府某部门（建设方）办公场所的一项信息系统软件升级改造项目。项目自 2 月初开始，工期 1 年。承建方项目经理制定了相应的进度计划，将项目工期分为 4 个阶段：需求分析阶段计划 8 月底结束；设计阶段计划 9 月底结束；编码阶段计划 11 月底结束；安装、测试、调试和运行阶段计划次年 2 月初结束。

当年 2 月底，建设方通知承建方，6 月至 8 月这 3 个月期间因某种原因，无法配合项目实施。经双方沟通后达成一致，项目仍按原合同约定的工期执行。

由于该项目的按时完成对承建方非常重要，在双方就合同达成一致后，承建方领导立刻对项目经理做出指示：（1）招聘新人，加快需求分析的进度，赶在 6 月之前完成需求分析；（2）6 月至 8 月期间在本单位内部完成系统设计工作。

项目经理虽有不同意见，但还是根据领导的指示立即修改了进度管理计划并招募了新人，要求项目组按新计划执行，但项目进展缓慢。直到 11 月底项目组才刚刚完成需求分析和初步设计。

【问题 1】（3 分）

除案例中描写的具体事项外，承建方项目经理在进度管理方面可以采取哪些措施？
供选择答案（将正确选项的字母填入答题纸对应栏内）：

A. 开发抛弃型原型   B. 绩效评估   C. 偏差分析
D. 编写项目进度报告   E. 确认项目范围   F. 发布新版项目章程

【问题 2】（6 分）

（1）基于你的经验，请指出承建方领导的指示中可能存在的风险，并简要叙述进行变更的主要步骤。

（2）请简述承建方项目经理得到领导指示之后，如何控制相关变更。

【问题 3】（6 分）

针对项目现状，请简述项目经理可以采用的进度压缩技术，并分析利弊。

试题一分析

本题考查项目进度管理、变更管理、范围管理等相关理论与实践，并偏重于在进度控制中的应用。从题目的说明中，可以初步分析出以下一些信息。

（1）承建方领导对项目开发实际情况掌握不够，认为可以通过增加新人来缩短需求分析工作的时间，同时理想地认为只要需求分析阶段的工作完成之后便可以脱离承建方的配合而独立完成系统设计工作。承建方项目经理在没有准确及时地掌握当前的项目进度状态，没有进行适当的绩效评估和风险评估的情况下便按照领导的意图执行，这说明该项目的进度管理和风险管理存在一定的问题。

（2）在项目实施过程中，对于变更的处理存在问题。当领导提出变更要求时，项目经理根据领导的指示立即修改了进度管理计划并招募了新人，没有按照变更控制流程的要求对变更的影响进行评估，没有经过变更控制委员会的批准，缺乏相应的变更确认环节，这些做法不符合进度变更控制的要求。

从以上的分析可以看出，试题一主要考查进度管理、风险管理和范围管理的理论在项目实践中的应用，考生应结合案例的背景，综合运用理论知识和实践经验回答问题。

【问题1】

这是一道选择题，要求考生仔细分析案例，在备选答案中选择属于项目经理职责范围之内、案例背景中没有明确提及并且属于进度管理主要工作的具体措施。

【问题2】

（1）主要考查风险管理的基本方法和进度变更流程。

（2）主要考察进度变更控制的方法，参见《系统集成项目管理工程师教程》第8.7节"项目进度控制"中的有关内容。

【问题3】

考查进度压缩的典型技术及其利弊。进度压缩指在不改变项目范围、进度制约条件、强加日期或其他进度目标的前提下缩短项目的进度时间，参见《系统集成项目管理工程师教程》第8.6.2节中"进度压缩"的有关内容。

参考答案

【问题1】

正确选项为：B、C和D。

A选项不适合案例所述的信息系统软件升级改造项目，通常新信息系统项目才考虑开发抛弃型原型。

E选项不适合案例的背景。范围确认是客户等干系人正式验收并接受已完成的项目可交付物的过程。本案例中，建设方和承建方经过沟通后达成一致，项目仍按原合同约定的工期执行，未明确涉及项目范围的变化和客户验收交付物的相关问题。

F选项不适合案例的背景。项目章程通常是由项目发起人发布，而不是由项目经理发布。此外，制定和发布项目章程不属于进度管理的主要工作。

【问题2】

（1）解答要点：

a）盲目增加人力未必可以加快项目进度，尤其是增加没有经验的员工，反而可能会拖延进度。

b）项目的风险是否能够规避，需要按照风险管理的方法进行风险识别、风险分析和风险监控。

（2）解答要点：

a）根据领导指示的内容，向变更控制委员会提出相关变更申请；

b）推动变更控制委员会对变更进行评估，分析变更造成的影响及风险；

c）根据变更决策推动变更的实施，包括更新进度计划、招聘新人和相关活动；

d）执行或推动变更的确认，开展变更后的项目活动。

【问题3】

进度压缩的技术有以下两种：

（1）赶进度：对费用和进度进行权衡，确定如何在尽量减少费用的前提下缩短项目所需时间。

利：有可能在尽量减少费用的前提下缩短项目所需的时间；

弊：赶进度并非总能产生可行的方案，有可能反而使费用增加；

（2）快速跟进：同时进行按先后顺序的阶段或活动。

利：适当增加费用，可以缩短项目所需的时间；

弊：以增加费用为代价换取时间，并因缩短项目进度时间而增加风险；

试题二（15分）

阅读下列说明，回答问题1至问题4，将解答填入答题纸的对应栏内。

【说明】

某项目经理将其负责的系统集成项目进行了工作分解，并对每个工作单元进行了成本估算，得到其计划成本。各任务同时开工，开工5天后项目经理对进度情况进行了考核，如下表所示：

任务	计划工期（天）	计划成本（元/天）	已发生费用	已完成工作量
甲	10	2000	16000	20%
乙	9	3000	13000	30%
丙	12	4000	27000	30%
丁	13	2000	19000	80%
戊	7	1800	10000	50%
合计				

【问题1】（6分）

请计算该项目在第5天末的PV、EV值，并写出计算过程。

【问题2】（5分）

请从进度和成本两方面评价此项目的执行绩效如何，并说明依据。

【问题 3】（2 分）

为了解决目前出现的问题，项目经理可以采取哪些措施？

【问题 4】（2 分）

如果要求任务戊按期完成，项目经理采取赶工措施，那么任务戊的剩余日平均工作量是原计划日平均工作量的多少倍？

试题二分析

本题主要考查考生对成本管理中挣值分析的计算方法的掌握情况。

挣值分析法的核心是将已完成的工作的预算成本（挣值）按其计划的预算值进行累加获得的累加值与计划工作的预算成本（计划值）和已经完成工作的实际成本（实际值）进行比较，根据比较的结果得到项目的绩效情况。

参考答案

【问题 1】

PV=2000×5+3000×5+4000×5+2000×5+1800×5=64000　（3 分）

EV=2000×10×20%+3000×9×30%+4000×12×30%+2000×13×80%+1800×7×50%=64400　（3 分）

【问题 2】

进度超前，成本超支。（1 分）

原因：

SV = EV − PV = 64400 − 64000 =400> 0

或 SPI = EV/PV = 64400/64000 = 1.006>1　（2 分）

CV = EV − AC = 64400 − 73000 =−86000< 0

或 CPI= EV/Ac = 64400/73000= 0.882 < 1（2 分）

【问题 3】

整个项目需要抽出部分人员以放慢工作进度；

整个项目存在成本超支现象，需要采取控制成本措施；

项目中区分不同的任务，采取不同的成本及进度措施；

必要时调整成本基准。

答对一条给 1 分，最高 2 分。

【问题 4】

任务戊计划的平均日工作量为 1/7=14.3%（0.5 分）

现在的平均日工作量为 50%/2=25%（0.5 分）

所以平均日工作量增加值为 25%/14.3%=1.75（1 分）

试题三（15 分）

阅读下列说明，回答问题 1 至问题 4，将解答或相应的编号填入答题纸的对应栏内。

【说明】

某市石油销售公司计划实施全市的加油卡联网收费系统项目。该石油销售公司选择了系统集成商 M 作为项目的承包方，M 公司经石油销售公司同意，将系统中加油机具改造控制模块的设计和生产分包给专业从事自动控制设备生产的 H 公司。同时，M 公司任命了有过项目管理经验的小刘作为此项目的项目经理。

小刘经过详细的需求调研，开始着手制定项目计划，在此过程中，他仔细考虑了项目中可能遇到的风险，整理出一张风险列表。经过分析整理，得到排在前三位的风险如下：

（1）项目进度要求严格，现有人员的技能可能无法实现进度要求；

（2）现有项目人员中有人员流动的风险；

（3）分包商可能不能按期交付机具控制模块，从而造成项目进度延误。

针对发现的风险，小刘在做进度计划的时候特意留出了 20%的提前量，以防上述风险发生，并且将风险管理作为一项内容写进了项目管理计划。项目管理计划制定完成后，小刘通知了项目组成员，召开了第一次项目会议，将任务布置给大家。随后，大家按分配给自己的任务开展了工作。

第 4 个月底，项目经理小刘发现 H 公司尚未生产出联调所需要的机具样品。H 公司于 10 天后提交了样品，但在联调测试过程中发现了较多的问题，H 公司不得不多次返工。项目还没有进入大规模的安装实施阶段，20%的进度提前量就已经被用掉了，此时，项目一旦发生任何问题就可能直接影响最终交工日期。

【问题1】（4 分）

请从整体管理和风险管理的角度指出该项目的管理存在哪些问题。

【问题2】（3 分）

项目经理小刘为了防范风险发生，预留了 20%的进度提前量，在风险管理中这叫做 __(1)__ 。

在风险管理的各项活动中，头脑风暴法可以用来进行 __(2)__ ，风险概率及影响矩阵可用来进行 __(3)__ 。

【问题3】（2 分）

针对"项目进度要求严格，现有人员的技能可能无法实现进度要求"这条风险，请提出你的应对措施。

【问题4】（6 分）

针对"分包商可能不能按期交付机具控制模块，从而造成项目进度延误"这条风险，结合案例，分别按避免、转移、减轻和应急响应 4 种策略提出具体应对措施。

试题三分析

本题主要考查的是项目整体管理和风险管理的理论及应用。风险管理是一种综合性的管理活动，它的理论和实践涉及技术、系统科学和管理科学等多种学科的应用，在实际中还经常使用概率论、数理统计和随机过程的理论和方法。

项目的风险管理过程包括的内容有：风险管理计划、风险识别、定性风险分析、定量风险分析、风险应对计划和风险监控。本题目主要考查的是风险识别、风险分析和风险应对及风险监控的内容在本案例背景下的应用。

【问题1】

从题干部分的说明出发，分析的步骤如下。

（1）第一段介绍的是案例的背景，从这部分的介绍可以看出：第一，这个项目是一个全市范围实施的项目，属于比较大型的项目，因此风险管理应该是很重要的；第二，M公司经过了建设方的同意，将控制模块分包给了H公司，这是合乎合同和法律要求的，但由于分包的原因可能会对项目造成较大的风险；第三，M公司任命了有项目管理经验的小刘作为项目经理，可以说明公司的任命是不存在问题的。

（2）第二部分中，提到"小刘开始着手制订项目计划"、"他仔细考虑了项目的风险"并"得到排在前三位的风险"，接下来"他将风险管理写进了项目管理计划"，并且在写完项目管理计划后，"召开了第一次项目会议，将任务布置给大家"。从上面的描述，我们可以得到的结论是：小刘不但是一个人做的项目管理计划，而且风险识别也是由他一个人来完成的。

制订项目管理计划是整体管理中的一个很重要的环节，这个过程中定义、准备、集成并协调所有的分计划，其中包括有项目的目标、进度、预算、变更、沟通、范围、质量、人力资源、风险等各项管理的内容。因此，让项目的干系人，尤其是项目组成员参与项目计划的制定是非常重要的，不仅能让他们了解计划的内容，提高对计划的把握和理解，更重要的是因为他们的参与包含了他们对计划的承诺，从而能提高执行计划的自觉性。风险识别的活动也是这样，我们经常说"人多力量大"，应该鼓励项目组成员参与风险识别活动。另外，风险识别也是一项反复的过程，随着项目的推进，旧的风险会发生变化，新的风险会不断地出现，应该在项目整个过程中定期地对风险进行识别。

通过对这部分的分析，我们可以找到此案例的项目管理中存在的问题是：项目管理计划不应该由项目经理一个人来完成；风险识别也不应该由项目经理一人进行；项目组成员参与项目太晚。

（3）最后一段中，首先提到"第4个月底，小刘发现H公司还没有生产出样品"，这说明小刘发现这一情况太晚了，因此可以得出结论，他没有定期地对这一识别出来的风险进行监控。另外，由于H公司多次返工也未拿出合格的产品，导致小刘预留的20%的进度余量已经被用完了，项目今后会面临更大的风险。这说明小刘制定的风险应对措施并不够有效，起码应该把"定期了解H公司设计和生产的进度情况"作为其中一条风险应对措施。

（4）最后，整个案例中讲到的分包问题是属于项目管理的采购管理的范畴，因此，从这一点来说，项目的采购管理是不到位的。

【问题 2】

问题 2 是几个填空题，考生如果对《系统集成项目管理工程师教程》中"项目风险管理"一章的理论知识比较熟悉的话，应该很快能够得到正确答案。

【问题 3】

此问主要考查项目经理在实际项目中如果遇到此类问题会怎么处理。关于人员的技能不能达到项目的要求这样的问题在实际项目中是很常见的，项目经理都希望得到有一定技术水平的人员，但是往往公司的人力资源有限，不能保证所有项目都得到高水平的人才，项目经理首先应该想到的就是为项目组成员提供必要的培训。其次，项目中需要不同角色的人员，项目经理应该根据每个人擅长的技能来分配工作。最后如果现有人员实在不能满足项目的要求，应该考虑向公司建议从外部招聘有相应技能的人才。

【问题 4】

主要考查如何应用风险应对的 4 种策略来解决项目遇到的风险，这要求考生不但要理解这此种策略的含义，还要具有一定的项目管理经验。

风险应对策略有 4 种，规避、转移、减轻或接受。规避也可以叫做避免，就是指改变原定的计划，以排除风险使其不受影响。结合本题来说，因为把控制模块分包出去会带来一定的风险，项目组可以考虑不分包，由自己进行开发。但这种应对措施可能会带来新的问题需要解决，比如进度要求紧或自己的技术力量无法完成自主开发，需要招聘相应的人员，从而使项目成本增加等，在实际项目中需要权衡利弊。

转移的策略就是设法把风险的后果连同应对的责任转嫁到他方身上，这种策略只是把风险的损失以正当理由让他人承担而并非清除。结合本题来说，项目组可以考虑在与 H 公司的分包合同中加入比较严厉的惩罚措施，一旦 H 公司不能按期交付则要支付罚款，这样一方面可以对 H 公司施加压力，使其按时交工，另一方面在风险发生时可以降低项目组的损失。

减轻策略也叫缓解策略，就是把不利风险事件的后果降低到最小，提前采取行动减少风险发生的概率或降低对项目造成的影响，比风险发生后再采取补救措施要有效得多。在本题目中，项目经理小刘应该定期地了解 H 公司的任务完成情况，而不是到了第 4 个月才发现风险就要临近了。

有时候我们把接受策略认为是"没有办法的办法"，最常见的主动接受的策略就是建立应急储备或应急响应，针对本案例，项目经理应该建立应急计划，一旦风险发生马上采取行动。

参考答案

【问题 1】

1. 项目计划不应该只由项目经理一个人完成；

2. 项目组成员参与项目太晚，应该在项目早期（需求阶段或立项阶段）就让他们加入；

3. 风险识别不应该由项目经理一人进行；

4. 风险应对措施（或风险应对计划）不够有效；

5. 没有对风险的状态进行监控；

6. 没有定期地对风险进行再识别；

7. 项目的采购管理或合同管理工作没有做好；

【问题2】

（1）风险储备（或风险预留、风险预存、管理储备）

（2）风险识别

（3）风险分析（或风险定性分析）

【问题3】

1. 分析项目组人员的技能需求，在项目前期有针对性地提供培训；

2. 根据项目组人员的技能及特长分配工作；

3. 从公司外部引进具有相应技能的人才。

【问题4】

1. 避免策略：此部分工作不分包，自主开发。

2. 转移策略：签订分包合同，在合同中作出明确的约束，必要时可加入惩罚条款。

3. 减轻策略：定期监控分包商的相关工作，增加后期项目预留。

4. 应急响应策略：制定应急计划，一旦目前的分包商无法完成任务，马上采取应急计划。

试题四（15分）

阅读下列说明，回答问题1至问题3，将解答或相应的编号填入答题纸的对应栏内。

【说明】

某公司为当地一家书店开发图书资料垂直搜索引擎产品，双方详细约定了合同条款，包括合同金额、产品验收标准等。此项目是该公司独立承担的一个小型项目，项目经理小张兼任项目技术负责人。项目进行到设计阶段后，由于小张从未参与过垂直搜索引擎的产品开发，产品设计方案经过两次评审后仍未能通过。公司决定将小张从该项目组调离，由小李接任该项目的项目经理兼技术负责人。

小李仔细查阅了小张组织撰写的项目范围说明书和产品设计方案后，进行了修改。小李将原定从头开发的方案修改为通过学习和重用开源代码来实现的方案。小李还相应地修改了小张组织编写的项目范围说明书，将其中按项目生命周期分解得到的大型分级目录列表形式的 WBS 改为按照主要可交付物分解的树型结构图形式，减少了 WBS 的层次。小李提出的设计方案和项目范围说明书得到了项目干系人的认可，通过了评审。

【问题1】（5分）

结合本案例，判断下列选项的正误（填写在答题纸的对应栏内，正确的选项填写"√"，错误的选项填写"×"）

（1）项目范围控制需要按照项目整体变更控制过程来处理。　　　　　（　）

（2）项目范围说明书通过了评审，标志着完成了项目范围确认工作。　（　）

（3）小李修改了项目范围说明书，但原有的项目范围管理计划不需要变更。（　）

（4）小李编写的项目范围说明书中应该包括产品验收标准等重要合同条款。（　）

（5）通过评审后，新项目范围说明书将成为该项目的范围基准。　　　（　）

【问题 2】（4 分）

请简述小李组织编写的项目范围说明书中 WBS 的表示形式与小张组织编写的范围说明书中 WBS 的表示形式各自的优缺点及适用场合。

【问题 3】（6 分）

结合项目现状，请简述在项目后续工作中小李应如何做好范围控制工作。

试题四分析

本题考查项目范围管理的理论与实践，并偏重于在工作分解结构、范围控制和范围确认中的应用。考生应结合案例的背景，综合运用理论知识和实践经验回答问题。

【问题 1】

这是一道判断题。要求考生准确理解项目范围、范围说明书、范围管理计划、范围控制和范围确认等相关概念。

【问题 2】

主要考查 WBS 的基本概念和创建 WBS 的基本方法。

【问题 3】

考查范围控制的基本概念和方法，要求考生结合案例背景，说明在项目范围发生变更时如何进行范围控制。

参考答案

【问题 1】

正确答案为：（1）√　（2）×　（3）×　（4）√　（5）√

选项（1）正确，参见《系统集成项目管理工程师教程》第 7.6 节"范围控制"中的相关内容。控制项目范围以确保所有请求的变更和推荐的行动，都要通过整体变更控制过程处理。

选项（2）错误，参见《系统集成项目管理工程师教程》第 7.5 节"范围确认"中的相关内容。项目范围确认是客户等项目干系人正式验收并接受已完成的项目可交付物的过程。项目范围确认应该贯穿项目的始终。

选项（3）错误，参见《系统集成项目管理工程师教程》第 7.6.2 节"范围控制的输入、输出"的有关内容。新的项目管理计划（包括范围管理计划）是范围控制的输出。

选项（4）正确，参见《系统集成项目管理工程师教程》第 7.3.2 节"范围定义的输入、输出"中的有关内容。项目的验收标准和项目的约束条件是项目范围说明书（详细）中的组成部分。

选项（5）正确，参见《系统集成项目管理工程师教程》第 7.6.2 节"范围控制的输入、输出"中的有关内容。经过批准（含评审）后的项目范围说明书等将成为新的项目范围基准。

【问题 2】

小李编写的项目范围说明书中 WBS 的表示形式为分级的树型结构图。

（1）树型结构图的 WBS 层次清晰，非常直观，结构性很强，但是不易修改；对于大的、复杂的项目也很难表示出项目的全景，大型项目的 WBS 要首先分解为子项目，然后由各个子项目进一步分解出自己的 WBS；

（2）由于其直观性，一般在一些中小型的应用项目中用得比较多。

小张编写的项目范围说明书中 WBS 的表示形式为分级目录（列表形式）。

（1）该表格能够反映出项目所有的工作要素，但是直观性较差，有些项目分解后内容分类较多，容量较大；

（2）常用在一些大的、复杂的项目中。

【问题 3】

结合案例，简要叙述下列内容：

（1）小李首先要负责组织建立项目范围基准。

（2）小李其次要负责组织范围基准的维护，必要时按照公司变更流程变更项目范围。

（3）小李还要负责组织实施项目范围变更、确认变更结果，以及后续项目范围控制。

试题五（15 分）

阅读下列说明，回答问题 1 至问题 3，将解答或相应的编号填入答题纸的对应栏内。

【说明】

某公司的质量管理体系中的配置管理程序文件中有如下规定：

1. 由变更控制委员会（CCB）制定项目的配置管理计划；

2. 由配置管理员（CMO）创建配置管理环境；

3. 由 CCB 审核变更计划；

4. 项目中配置基线的变更经过变更申请、变更评估、变更实施后便可发布；

5. CCB 组成人员不少于一人，主席由项目经理担任。

公司的项目均严格按照程序文件的规定执行。在项目经理的一次例行检查中，发现项目软件产品的一个基线版本（版本号 V1.3）的两个相关联的源代码文件仍有遗留错误，便向 CMO 提出变更申请。CMO 批准后，项目经理指定上述源代码文件的开发人员甲、乙修改错误。甲修改第一个文件后将版本号定为 V1.4，直接在项目组内发布。次日，乙修改第二个文件后将版本号定为 V2.3，也在项目组内发布。

【问题 1】（6 分）

请结合案例，分析该公司的配置管理程序文件的规定及实际变更执行过程存在哪些问题？

【问题 2】（3 分）

请为案例中的每项工作职责指派一个你认为最合适的负责角色。（在答题纸相应的单元格中画"√"，每一列最多只能有一个单元格画"√"，多画、错画"√"不得分）

负责人＼工作	编制配置管理计划	创建配置管理环境	审核变更计划	变更申请	变更实施	变更发布
CCB						
CMO						
项目经理						
开发人员						

【问题 3】（6 分）

请就配置管理，判断以下概念的正确性（在答题纸对应栏内，正确的画"√"，错误的画"×"）：

（1）配置识别、变更控制、状态报告、配置审计是软件配置管理包含的主要活动。（　　）

（2）CCB 必须是常设机构，实际工作中需要设定专职人员。（　　）

（3）基线是软件生存期各个开发阶段末尾的特定点，不同于里程碑。（　　）

（4）动态配置库用于管理基线和控制基线的变更。（　　）

（5）版本管理是对项目中配置项基线的变更控制。（　　）

（6）配置项审计包括功能配置审计和物理配置审计。（　　）

试题五分析

本题考查配置管理的概念、方法、程序和实践，主要考察信息系统集成项目配置管理中的典型人员角色及其在配置管理中的作用。考生应结合案例的背景，综合运用理论知识和实践经验回答问题。

【问题 1】

这是一道问答题。要求考生从两个方面回答问题。第一个方面是程序规定中的问题，主要体现在配置变更流程、人员职责权限、配置管理环境等方面。配置管理计划的主要内容包括配置管理软硬件资源、配置项计划、基线计划、交付计划、备份计划、配置审计和评审、变更管理等。变更控制委员会（CCB）审批该计划。配置识别是配置管理员（CMO）的职能。所有配置项的操作权限应由 CMO 严格管理。基线的变更需要经过变更申请、变更评估、变更实施、变更验证或确认、变更的发布等步骤。

【问题 2】

这是一道填涂题。要求考生填涂配置管理主要活动中最合适的负责角色，需要说明的是，某些活动多个角色都可以承担，因此部分选项答案不唯一。本题考查配置管理理论与项目实践经验。

【问题 3】

本题为判断题，主要考查考生是否掌握了配置管理中最重要的基本概念。

参考答案

【问题 1】

规定中存在的问题：

（1）配置管理计划不应由 CCB 制定；

（2）基线变更流程缺少变更验证（或确认）环节；

（3）CCB 成员的要求不应以人数作为规定，而是以能否代表项目干系人利益为原则。

实际中存在的问题：

（1）甲乙修改完后应该由其他人完成单元测试和代码走查；

（2）该公司可能没有版本管理规定或甲乙没有统一执行版本规定；

（3）变更审查应该提交 CCB 审核；

（4）变更发布应交由 CMO 完成；

（5）甲乙两人不能同时修改错误，这样会导致 V2.3 只包含了乙的修改内容而没有甲的修改内容。

【问题 2】

（注：变更申请可以由 CMO、项目经理或开发人员提出，只要不选 CCB 即算正确，对于表格中的其他列，多选或错选均不得分）

工作 负责人	编制配置 管理计划	创建配置 管理环境	审核变更计划	变更申请	变更实施	变更发布
CCB			√			
CMO	√	√		√		√
项目经理				√		
开发人员				√	√	

【问题 3】

正确答案为：（1）√　　（2）×　　（3）×　　（4）×　　（5）×　　（6）√

选项（1）正确。参见《系统集成项目管理工程师教程》第 15.2 节"配置管理"中的相关内容。配置管理包括 4 个主要活动：配置识别、变更控制、状态报告和配置审计。

选项（2）错误。CCB 是由企业或项目组的主要成员组成的，根据实际需要的不同，既可以设置组织的变更控制委员会，也可以设置项目的变更控制委员会，还可以设置其他形式的变更控制委员会，某些情况下不需要常设。

选项（3）错误。一组拥有唯一标识号的需求、设计、源代码文卷及相应的可执行代码、构造问卷和用户文档等构成一条基线。在建立基线之前，工作产品的所有者能快速、非正式地对工作产品作出变更。但基线建立之后，变更要通过评价和验证变更的正式程序来控制。因此，基线不一定是软件生存期各个开发阶段末尾的特定点。基线主要用于控制变更，里程碑主要用于控制时间进度，两者并非一个概念。

选项（4）错误。配置库可以分为动态库、受控库、静态库和备份库 4 种类型。动态库也称为开发库、程序库或工作库，用于保存开发人员当前正在开发的配置实体。动态库是软件工程师的工作区，由工程师控制。受控库也称为主库或系统库，是用于管理当前基线和控制对基线的变更。

选项（5）错误。版本管理包括配置项状态变迁规则、配置项版本号标识和配置项版本控制，并非等同于对项目中配置项基线的变更控制。

选项（6）正确。参见《系统集成项目管理工程师教程》第 15.2.8 节"配置审计"中的相关内容。